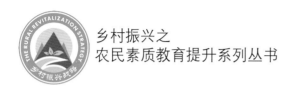

乡村振兴之
农民素质教育提升系列丛书

# 猕猴桃 高效栽培技术与病虫害防治图谱

◎ 鲍金平　郑子洪　吴学平　主编

U0306223

中国农业科学技术出版社

图书在版编目（CIP）数据

猕猴桃高效栽培技术与病虫害防治图谱 / 鲍金平，郑子洪，吴学平主编. —北京：中国农业科学技术出版社，2020.8（2022.3重印）

（乡村振兴之农民素质教育提升系列丛书）

ISBN 978-7-5116-4831-0

Ⅰ.①猕… Ⅱ.①鲍… ②郑… ③吴… Ⅲ.①猕猴桃—果树园艺—图谱②猕猴桃—病虫害防治—图谱 Ⅳ.①S663.4-64 ②S436.634-64

中国版本图书馆 CIP 数据核字（2020）第 111713 号

责任编辑　徐　毅
责任校对　马广洋

出 版 者　中国农业科学技术出版社
　　　　　北京市中关村南大街12号　　　邮编：100081
电　　话　（010）82106636（编辑室）　（010）82109702（发行部）
　　　　　（010）82109709（读者服务部）
传　　真　（010）82106631
网　　址　http：// www.castp.cn
经 销 者　全国各地新华书店
印 刷 者　北京捷迅佳彩印刷有限公司
开　　本　880mm×1 230mm　1/32
印　　张　4.125
字　　数　100千字
版　　次　2020年8月第1版　　2022年3月第3次印刷
定　　价　35.00元

# 《猕猴桃高效栽培技术与病虫害防治图谱》

## ············ 编委会 ············

主　　编　　鲍金平　　郑子洪　　吴学平

副主编　　吴建峰　　李湘萍　　罗小平

编　　委　　朱金星　　赖丽芬　　吴玉平

　　　　　　林更生　　吴青华

  猕猴桃原产于我国，是我国栽培的主要水果之一，因其营养丰富、味道鲜美而深受消费者喜爱。近年来，我国猕猴桃生产呈持续发展势头，据有关方面统计，2018年，全国猕猴桃生产面积264万亩（1亩≈667m²，全书同），年产量215万t，猕猴桃已经成为许多地区农民增收致富的重要产业。随着猕猴桃栽培面积和范围的不断扩大，在生产中不同程度地出现了许多这样那样的问题，如品种选择不当、倒春寒和多雨天气影响严重、病虫害多发、标准化生产技术不到位等，这些问题均需尽快解决。特别是近年来，随着猕猴桃栽培面积的不断扩大，市场竞争越来越激烈，而随着人民生活水平的提高，消费者对猕猴桃品质的要求也越来越高，种植者对优质高效栽培技术和病虫害绿色防控技术的需求显得尤为迫切。为深入实施农民素质教育提升工程，助推乡村振兴，我们组织编写了本书。

  本书以介绍猕猴桃的高效栽培技术为宗旨，结合目前猕猴桃生产中的实际情况，从猕猴桃的生物学特性、生长发育环境、品种选择、建园要求、种植当年管理、成年结果树管理和避雨栽培等方面对猕猴桃种植技术进行了阐述，把重点放在猕猴桃病虫害绿色防控技术方面，精选了对猕猴桃产量和品质影响较大的14种侵染性病害、8种生理性病害和19种虫害，以彩色照片配合文字辅助说明的方式从病害（虫害）为害症状特征、发生规律和防治方法等方面进行详细讲解。其中，对生产中影响最大的猕猴桃溃疡病的发生与防治进行了重点介绍。

　　本书通俗易懂，图文并茂，科学实用，适合各级农业技术人员和广大农民阅读，也可作为植保科研、教学工作者的参考用书。需要说明的是，由于我国猕猴桃种植区域广阔，气候条件和地理环境差异大，书中描述的病虫害发生时间和代数只是一个大致规律，不能与各地一一对应，请读者谅解。此外，书中推荐的农药、肥料的使用量及浓度，会因为猕猴桃的生长区域、品种及栽培方式等的不同而有一定的差异，在实际应用中，建议以所购买产品的使用说明书为准。

　　在编写本书过程中，参考和引用了国内专家的一些文献资料和图片，在此致以谢意！由于作者学识水平有限，书中不足之处在所难免，敬请广大读者批评指正。

编者

2020年5月

CONTENTS 目　录

# 第一章
## 猕猴桃的特性和品种

## 一、猕猴桃的生长发育特征

猕猴桃是多年生藤本落叶果树，又名藤梨、毛桃。在自然条件下，植株主要依靠长而细弱的1年生枝条攀缘于树木或其他物体上生长，树高可达4~6m或更高。多生长在森林底层或林间空地上，尤其在林缘的溪流两边较多。驯化栽培的猕猴桃，枝条攀附于人工设立的支架上，冠幅的大小依支架类型、土壤、气候条件和修剪、施肥等管理水平不同而异，一般为6~10m²，棚架栽培时冠幅要比篱架的大。

猕猴桃进入结果期早，枝蔓的自然更新能力强，经济寿命长。只要管理得当，百年以上的老树仍能丰产。

### （一）根

猕猴桃的根为肉质根。初生根为透明乳白色，不久转为淡黄色，老根呈黄褐色或黑褐色。成熟根的表皮常发生龟裂状剥落，内皮层为粉红或暗红色。当根转为黑色时便失去生活力，由基部再长出的新根替代。

猕猴桃主根不发达，侧根和细根多而密集。侧根随树龄增长以水平方向向四周扩展，根条呈扭曲状，并间歇性交互生长。

猕猴桃根系在土壤中分布较浅，但分布范围广。1年生苗的根系分布在20～30cm深的土层中，水平分布25～40cm。成年植株根系的垂直分布在40～80cm的土层中，一般根群的分布范围约为树冠冠幅的3倍。

猕猴桃的骨干根较一般果树少，但根的导管发达，根压也大，养分和水分在根部的输导能力很强。在营养生长期，如果缺乏水分，则叶片迅速萎蔫。

## （二）枝蔓

猕猴桃的枝属蔓性。枝蔓由节和节间组成，通常有皮孔。新梢颜色以黄绿或褐色为主，多具灰棕色或锈褐色表皮毛。

猕猴桃当年萌发的枝蔓，根据其性质不同，可分为营养枝和结果枝。

### 1. 营养枝

根据生长势的强弱，可分为徒长枝、营养枝和短枝。徒长枝多从主蔓上或枝条基部潜伏芽萌发，生长势强，节间长，组织不充实。营养枝主要从幼龄树和强壮枝中部萌发，长势中等，这种枝条可成为次年的结果母枝。短枝是从树冠内部或下部枝上萌发，生长势弱，易自行枯亡。

### 2. 结果枝

雌株上能开花结果的枝条称为结果枝。而雄株的枝只开花不结果，称为花枝。根据枝条的发育程度和长度，结果枝又可分为徒长性结果枝、长果枝、中果枝、短果枝和短缩果枝5种。

### （三）叶

猕猴桃的叶为单叶互生，叶片大而较薄，纸质或半革质。叶形有圆形、卵形、椭圆形、扇形及披针形等。叶长5~20cm，宽6~18cm，厚度约1mm，角质层较薄。

### （四）芽

猕猴桃的芽外面包有3~5层黄褐色毛状鳞片，着生在叶腋间海绵状芽座中，通常1个叶腋间有1~3个芽，中间较大的芽为主芽，两侧为副芽，呈潜伏状。主芽易萌发成为新梢，副芽在主芽受伤或枝条短截时才能萌发。

主芽有叶芽和花芽之分：幼苗和徒长枝上的芽多为叶芽，呈水平方向生长，发育良好的枝条或结果枝的中、下部叶腋萌发的芽通常为花芽。猕猴桃的花芽为混合芽，芽体肥大饱满。猕猴桃当年形成的芽即可萌发成枝，表现为早熟性，但已开花结果部位的叶腋间的芽则很难再萌发，而成为盲芽。

不同物种或品种芽的大小和形状有差异，如美味猕猴桃的芽垫较中华称猴桃的大，但芽的萌发口较小，是休眠期区别它们枝条或苗木的重要特征。

### （五）花

猕猴桃为雌雄异株果树，花分为雌花和雄花。从形态和结构上看，都是两性花和完全花，但由于雌花的雄蕊退化，雄花的子房与柱头萎缩，因而分别形成单性花。雌花子房肥大，花柱分离，多数呈放射线状，花后宿存。雄花子房退化，花柱较短。近年来，在栽培中也发现了雌雄同株以及能自花结实的品种。

不同品种猕猴桃的花，其大小和颜色是不同的。多数猕猴桃品种的花瓣，在刚开放时为白色或乳白色，后渐变为淡黄色或黄褐色。毛花猕猴桃的花瓣为粉红色，其花色艳丽，可作为观光树种栽培。

猕猴桃的花一般着生在结果枝的第一至第七节，但品种间略有差异，以第二至第五节最多，而毛花猕猴桃的第一至第十节都可着花，其中，以第三至第六节最多。

多数猕猴桃雌性植株的花为单生，但在"红阳"和"翠香"中也发现有聚伞花序的植株。毛花猕猴桃"华特"和种间杂交品种"金艳"的花为聚伞花序。雄性植株的花大多为聚伞花序，少数为单生花。

## （六）果实

猕猴桃的果实为浆果，表皮无毛或被茸毛、硬刺毛。果实大小因品种而异，中华猕猴桃和美味猕猴桃果实较大，最大可达150g以上。

果椭圆形、近球形、圆柱形。果皮较薄，颜色有绿、黄褐、橙黄色等。果肉多为黄色或翠绿色，也有红色的。果实软熟后，糖分增加，颜色有的转为金黄色，质地细软，有特殊香味，口感甜酸适度。

## （七）种子

猕猴桃的种子很小，千粒重为1.2～1.6g。

# 二、猕猴桃的生物学特性

在自然条件下或人工栽培时猕猴桃的生长发育都会受到周围

生态环境的影响，因而，发生相应的生理生化改变。

## （一）生长习性

### 1. 根系生长特性

根系的生长随着1年中气候的变化而变化。根系的生长期比枝条长，在适宜的温度条件下，几乎可常年生长而无明显的休眠期。在土壤温度为8℃时，就开始活动；土温达20.5℃，根系进入生长高峰期，土温达30℃左右时，新根生长基本停止。根系生长与新梢的生长交替进行，在一般情况下，根系的生长有2个高峰期，第一次出现在枝梢迅速生长后的6月；第二次出现在果实发育后期的9月。

### 2. 枝蔓生长特性

猕猴桃枝蔓的年生长量与种类特性、温度、湿度有关。新梢生长前期，其主要消耗上年树体积累的营养，随温度升高，叶面积增加，光合作用加强，枝梢生长速度逐渐加快。

枝条加粗生长高峰主要集中于前期，5月上中旬至下旬加粗生长形成第一次高峰期，至7月上旬又出现小的增粗高峰期，之后便趋于缓慢增粗，直到停止。猕猴桃枝蔓具有明显的背地性、逆时针旋转的缠绕性、生长后期顶端会自行枯死、自然更新能力强等特性。

### 3. 叶的生长特性

叶片的生长从3月上中旬萌动开始，展叶以后，叶片随枝条生长而生长，当枝条生长最快时，叶片生长也最迅速。

### 4. 芽的生长特性

芽的萌发率因品种而不同，一般中华猕猴桃较高，为53%～92%，美味猕猴桃较低，一般为36%～67%。而芽萌发后的成枝率则不同，一般美味猕猴桃高于中华猕猴桃。

## （二）开花习性

猕猴桃的枝蔓形成结果母枝的范围很广，产生结果枝的能力强是其丰产、稳产的基础。

### 1. 花芽分化

猕猴桃花芽的生理分化在越冬前就已完成，而形态分化一般在春季，与越冬芽的萌动相伴随。与其他果树不同的是，猕猴桃花芽形态分化的时期很短，自萌动至展叶前结束，仅20多天。

### 2. 花期习性

猕猴桃的开花期，不同品种间有较大差异，在浙江省丽水，中华猕猴桃初花期大多在4月上旬，美味猕猴桃在4月中下旬，而毛花猕猴桃大多在5月上旬。

猕猴桃的花从现蕾到开花需要25～40天。每花枝开放时间雄花较长，为5～8天，雌花3～5天。全株开花时间，雌株5～7天，雄株7～12天。开花顺序从单枝来看，大部分是先内后外，先下后上。同1枝条上，多由下节位到上节位；从同一花序来看，主花先开，两侧花后开。

### 3. 授粉与受精

猕猴桃为雌雄异株果树，雌花只有经过授粉才能结果。雄花产生的花粉可通过昆虫、风等自然媒体传到雌花的柱头上，也可人工进行授粉。授粉的效果除与环境有关外，更与花粉质量、柱头的生命力强弱有关，必须把握好授粉的恰当时期和方法，才会收到良好的效果。

### （三）结果习性

#### 1. 结果年龄

猕猴桃进入结果期早、丰产性强。嫁接苗定植后第二年就可开花结果，4~5年后进入盛果期。猕猴桃的更新能力强，结果寿命长。

#### 2. 坐果习性

猕猴桃成花容易，坐果率高，一般无生理落果，所以，丰产性好。中华猕猴桃以中、短果枝结果为主。生长中等的结果枝，可在结果的当年形成花芽，又转化为结果母枝；而较弱的结果枝，当年所结果实较小，也很难成为翌年的结果母枝。

#### 3. 果实的发育

猕猴桃从终花期到果实成熟，需120~140天，在此期间，果实经过迅速生长期、缓慢生长期和果实成熟期3个阶段。

### （四）物候期

猕猴桃的物候期一般分为萌芽期、展叶期、开花期、果实成熟期、落叶期和伤流期。物候期主要与纬度、海拔高度、湿度、光照、坡向等有关。同一品种在不同地域种植，物候期不同；而不同品种在同一区域的物候期也不同，一般中华猕猴桃早于美味猕猴桃，美味猕猴桃早于毛花猕猴桃。

## 三、猕猴桃的生长发育环境

中华猕猴桃和美味猕猴桃是目前栽培的两个主要种类，主要分布在北纬18°～34°的广大地区。这个范围内的生态条件是气候温和，雨量充沛，土壤肥沃，植被茂盛。在人工栽培的条件下，影响猕猴桃生长发育的主要生态因素有温度、土壤、水分、光照、风以及其他环境条件。

### （一）温度

大多数猕猴桃喜欢温暖湿润气候，在年平均气温11℃以上的地区可以正常生长。在年平均气温11.3～16.9℃，极端最高气温42.6℃，极端最低气温-20.3℃，≥10℃有效积温4 500～5 200℃，无霜期210～290天的山区分布较多，开花结果较好。

猕猴桃进入休眠期后，耐寒性较强，一般可耐-12℃以下的低温。但春季萌芽后，在海拔较高或纬度偏高的地方，易遭受晚霜冻（倒春寒）的危害，当日平均气温降至1℃以下时，不仅可使刚萌动的芽大部分冻死，而且花量大为减少，降低产量。

猕猴桃在冬季期间需要有一定的低温。研究表明：猕猴桃的自然休眠，冬季经950～1 000小时4℃的低温积累，就可以满足解除休眠的需要。

经研究发现，在抗寒性方面，软枣猕猴桃强于美味猕猴桃，美味猕猴桃强于中华猕猴桃；而在耐热性方面，则正好相反。

### （二）土壤

猕猴桃对土壤的适应范围较广，喜欢土层深厚、肥沃疏松、排灌良好、有机质含量高的沙质土壤。在栽培猕猴桃时，要注意对土壤的选择，如果在黏性重、易渍水及干燥瘠薄的土壤上种植，必须认真地进行土壤改良。

猕猴桃适宜的土壤pH值为5.5~6.5。在pH值7.5以上的偏碱性土壤中，猕猴桃就出现缺铁黄化的现象，幼苗期更加明显。

土壤中的矿质营养成分对猕猴桃生长十分重要，除常规大量元素即氮（N）、磷（P）、钾（K）肥外，还需要钙（Ga）、镁（Mg）、锰（Mn）、铁（Fe）、锌（Zn）等元素。猕猴桃是特别喜钙、喜铁元素的果树。

### （三）水分

猕猴桃喜欢温暖湿润的环境条件，"喜湿怕涝"，抗旱和耐涝能力都较差。水分不足或过多，都会对猕猴桃的生长发育产生不良影响。中华猕猴桃的自然分布区，年降水量大多为1 000~1 200mm。

猕猴桃的根系浅，为肉质根，对土壤缺氧反应敏感，因此，耐涝能力很差，根部淹水不能超过24小时。

### （四）光照

猕猴桃"喜光怕晒"，需要光照充足，但耐热性较差。久晴高温和干旱的天气，会给猕猴桃造成热害，出现叶片焦枯、卷缩和果实日灼，严重的造成落叶、落果或枯梢现象。猕猴桃的适宜光照强度为太阳光强的40%~45%，要求日照时数为1 300~2 600小时。

### （五）风

猕猴桃的新梢幼嫩，基部结合弱，且叶薄而大，易受风害，使嫩梢折断或新叶破损。夏秋的大风也可撕破叶片，擦伤果实，影响产量和品质。冬季遇寒风低温，可使枝蔓失水抽干，造成死芽。在花期遇大风，易使雌花的柱头干枯。在大风频繁的地区栽植猕猴桃，应事先造好防风林。

### （六）其他环境条件

影响猕猴桃生长发育的因素还有其所处的小环境。如海拔高度和纬度影响气温的变化，猕猴桃通常分布在300～2 000m海拔处的沟谷山坡中，但以200～900m高度分布比较集中。在全国各省因气候差异大，适合种植的海拔高度有所不同。在江苏省、浙江省地区，因春季常有倒春寒的影响，只适合在海拔900m以下区域种植。其中，中华猕猴桃适合在海拔500m以下区域种植，美味和毛花猕猴桃适合在海拔400～900m的区域种植。

## 四、猕猴桃的主要栽培品种

全世界猕猴桃共有66个种，其中，62个种原产于我国，但在生产中有经济栽培价值的主要是中华猕猴桃、美味猕猴桃、软枣猕猴桃和毛花猕猴桃四大种类。现将四大种类中综合性状优良、栽培比较广泛的品种介绍如下。

### （一）中华猕猴桃优良品种

#### 1. 红阳

红阳为早熟品种，由四川省自然资源研究所和苍溪县农业局选育。果实圆柱形兼倒卵形，果顶、果基凹；果皮绿褐色，光滑无毛；果实中等大，平均单果重81.3g，果肉黄绿色，沿果心呈放射状红色条纹，似一轮红太阳光芒四射；果皮薄，果肉细嫩、汁多、味甜可口（图1-1）。总糖13.45%，总酸0.49%，糖酸比27.45；可溶性固形物含量19.6%～21.3%，VC含量

135.7~256mg/100g，品质优。

在浙江省一般3月上旬萌芽，4月上旬开花，果实8月下旬成熟。适合在海拔500m以下的中、低海拔区域种植。树势中庸、投产早、丰产，但抗病性较弱，宜采用避雨栽培。

图1-1 红阳猕猴桃

### 2. 金阳

金阳为早熟品种，生长势强，枝条粗壮充实，叶片大，色泽深绿，果实长圆柱形，果面较光滑，果皮极薄，棕绿色，果顶微凸，顶洼微凹，果底平齐，外形美观（图1-2）。平均单果重85.5g，最大果重135g。果肉黄色，汁液多，含可溶性固形物15.5%，果肉细嫩，具清香，酸

图1-2 金阳猕猴桃

甜可口，品质优。果实9月上旬成熟，采收后经6～8天可完成后熟作用。金阳适应性较强，尤其在高山、亚高山表现良好。

### 3. 黄金果

黄金果为中熟品种，果实倒圆锥形，果面有细绒毛，顶部有一个"鸟嘴"，酷似新西兰的国鸟kiwibrd；果实中大，单果重90～140g（图1-3）；果心小而软，果肉金黄色，切下一片果肉细看，有如阳光形成的光环，人们生动地称它为"阳光之吻"；果肉细而多汁、味甜可口、香气浓郁，并混合有哈密瓜、水蜜桃等多种水果的风味；VC含量120～150mg/100g；可溶性固形物含量15.6%～18.5%；耐贮藏，品质优。

在浙江省一般3月上旬萌芽，4月上旬开花，果实9月下旬至10月上中旬成熟。适合在600m以下的中、低海拔区域种植。树势强健，投产早、丰产，抗病性较强。

图1-3 黄金果猕猴桃

### 4. 金艳

金艳为晚熟品种。果实长圆柱形，果皮黄褐色，略有细软毛；果实大，端正整齐，平均单果重101g（图1-4）；果肉金黄色，细嫩多汁、味甜可口、有香气。总糖8.55%，总酸0.86%，糖酸比9.94；可溶性固形物含量15.2%～17.5%，VC含量167.2mg/100g，耐贮藏，品质优。

在浙江省一般3月中旬萌芽，4月中下旬开花，果实10月上中旬成熟。适合在海拔400～800m的中海拔区域种植，低海拔区域种植需覆盖遮阳网进行防晒降温。树势强健，投产早、丰产，抗病性较强。

图1-4　金艳猕猴桃

## （二）美味猕猴桃优良品种

### 1. 翠香

翠香为早熟品种，果实椭圆形、端正美观；果实中大，平均单果重92g，在疏果控产情况下，单株树上有70%的果实单果重可达100g，商品果率高；果皮黄褐色，稀被黄褐色硬短茸毛，易脱落（图1-5）；果肉翠绿色，质地细而多汁，香甜爽口，芳香味浓；可溶性固形物含量16.8%～19.2%，品质优。

在浙江省一般3月中旬萌芽，4月下旬开花，果实8月下旬成熟。适合在海拔400～900m的中、高海拔区域种植，低海拔区域种植需覆盖遮阳网进行防晒降温。树势强健，萌芽率低，但成枝率高；早果性、丰产性好，抗病性强。

图1-5　翠香猕猴桃

## 2. 徐香

徐香为中熟品种，果实短圆柱形，梗洼平齐，果顶微突；果实中等大，平均单果重82.6g；果皮黄绿色，被黄褐色茸毛，易剥离（图1-6）；果肉绿色，汁液多，肉质细致，具果香味，酸甜适口；总糖12.1%，总酸1.34%，VC含量99.4～123mg/100g，可溶性固形物含量15.3%～18.6%，品质优。

在浙江省一般3月中旬萌芽，4月下旬开花，果实9月中下旬成熟。树势强，早果性、丰产性好，抗病性强。

图1-6　徐香猕猴桃

### 3. 瑞玉

瑞玉为中熟品种。果实长圆柱形，果型整齐，平均单果重91.2g；果皮褐色，被金黄色硬毛（图1-7）；果肉绿色，细腻多汁，口味香甜；VC含量174.3mg/100g，可溶性固形物含量17.1%～18.7%，品质优；货架期长，耐贮藏。

在陕西省秦岭北麓，2月下旬开始伤流，3月下旬萌芽，5月上旬开花，果实9月中下旬成熟。树势强健，枝条粗壮，成枝力强；结果早，丰产稳产；适

图1-7　瑞玉猕猴桃

应性广，耐高温、干旱，抗病性强。

### 4. 海沃德

海沃德为晚熟品种，1904年新西兰人从我国湖北省宜昌带走的美味猕猴桃果实，进行实生选种育成的品种。果实广卵形或宽椭圆形，果实大，单果重93～122g；果面密被褐色硬毛，果形端正、美观（图1-8、图1-9）；果肉翠绿，味道甜酸可口，有浓厚的清香味，维生素含量高；可溶性固形物含量14.6%～15.7%，品质优，货架期长，耐贮藏。

树势强健，抗病性强，有较好的丰产性；在陕西省一般3月下旬萌芽，5月上旬开花，果实10月上旬成熟。

图1-8　海沃德猕猴桃幼果　　　　　图1-9　海沃德猕猴桃

### 5. 布鲁诺

布鲁诺又名长果，晚熟品种。果实长圆柱形，长达7.43cm，属特长果形，平均果重69g，果皮褐色，毛短而稍硬（图1-10）；果肉翠绿，色浓味美，但甜度稍低，可溶性固形物含量14.5%，贮藏性中等，最适宜作切片制品的原料。

树势强健，抗病性强，适应性广。丰产稳产，耐粗放管理。在浙江一般3月中旬萌芽，5月上旬开花，果实10月上旬成熟。

图1-10　布鲁诺猕猴桃

### 6. 金魁

金魁为晚熟品种，果实大，平均果重103g，最大果重172g，果实阔椭圆形，果面黄褐色，茸毛中等密，果顶平（图1-11）；果肉翠绿色，汁液多，风味特浓，酸甜适中，具清香，果心较小，果实品质佳，含可溶性固形物18.5%～21.5%。耐贮性强，室温环境下可贮藏40天。

金魁适应性广，树势强，在亚高山、丘陵、平原地皆可种植，

图1-11　金魁猕猴桃

尤其以亚高山地区表现良好。因叶片肥厚浓绿，故叶蝉等害虫为害轻。采收期可从10月下旬至11月中旬。

### （三）毛花猕猴桃优良品种

#### 1. 华特

华特为晚熟品种，由浙江省农业科学院园艺研究所选育而成。果实长卵圆形或矩圆形，果面密布灰白色长绒毛；果实中等大，平均单果重90g，果皮易剥似香蕉（图1-12）；果肉呈深绿色，细嫩、甜酸爽口、清香味浓。可溶性固形物含量14.1%～15.6%，VC含量1 135.1mg/100g，比一般猕猴桃高3～10倍，品质优；果实耐贮藏，常温下可贮藏3个月。

在浙江省一般3月中下旬萌芽，5月上中旬开花，10月下旬至11月上旬成熟。花为聚伞花序，花瓣鲜红色、极美观。最适合海拔500～900m的中、高海拔地区种植，低海拔地区种植需覆盖遮阳网进行防晒降温。树势强健，投产早、丰产，抗病性强。

图1-12　华特猕猴桃

## 2.玉玲珑

玉玲珑为晚熟品种，由浙江省农业科学院园艺研究所选育而成。果实长卵圆形或矩圆形，果面密布灰白色长绒毛；果实较小，平均单果重32g；果皮易剥似香蕉（图1-13）；果肉呈深绿色，细嫩、甜酸爽口、清香味浓。可溶性固形物含量15%~17%，VC含量高，品质优，耐贮藏。

生长特性与华特类似，但成熟期比华特早10~15天。

图1-13　玉玲珑猕猴桃

## （四）软枣猕猴桃优良品种

## 1.魁绿

魁绿果实扁卵圆形，平均单果重18.1g，最大32g，果皮绿色光滑（图1-14）；果肉呈绿色，多汁，细腻；酸甜适度，含可溶性固形物15%左右，总糖8.8%；果实8月下旬至9月初成熟。

生长势旺盛，坐果率高，可达95%以上。结果枝率49.2%，果实着生在结果枝的第五至第十节，多为中短果枝结果。适应性广，抗逆性强，但耐热性较差，在南方栽培需采取遮阳降温措施。

图1-14　魁绿猕猴桃

### 2. 桓优一号

桓优一号果实卵圆形，平均单果重22g，最大36.7g；果皮青绿色，中等厚（图1-15）；果肉呈绿色，肉质软，果汁中等，香味浓，品质优。可溶性固形物含量12.0%，VC含量379.1mg/100g，可滴定酸含量0.18%。果实8月下旬至9月初成熟。

该品种树势强健，适应性广，抗寒、抗病性强。

图1-15　桓优一号猕猴桃

### 3. 红宝石星

红宝石星由中国农业科学院郑州果树研究所选育。果实长椭圆形，平均单果重18.5g，最大34.2g；果实横截面为卵形，果喙端形状微尖凸，果面上均匀分布稀疏的黑色小果点；果实成熟后，果皮、果肉、果心均为诱人的玫瑰红色（图1-16）；总糖含量12.1%，总酸含量1.12%，可溶性固形物含量17%左右；果实8月下旬至9月上旬成熟，品质优。

该品种树势中等，抗逆性一般。成熟期不太一致，有少量采前落果，宜分期分批采收。

图1-16　红宝石星猕猴桃

# 第二章
# 猕猴桃高效栽培技术

## 一、建园

### （一）园地选择

猕猴桃喜温暖湿润的生态环境，要选择光照充足，排灌良好，交通便利，适于搭建棚架的平地、丘陵或规则的梯田建园。土壤以深厚肥沃，疏松透气，富含有机质的沙质壤土为宜。在风口和土壤过于黏重的地方不宜建园。

### （二）园地规划

建立面积较大的猕猴桃园，要认真搞好规划和设计，按园地成方，渠路成行，路、沟、渠配套成网的要求进行规划，标准要高。

#### 1. 小区划分

为方便排灌和机械作业，应根据地形、坡向和坡度划分为若干小区。要求同一小区内的气候、土壤、品种等保持一致，集中连片，以便于进行有针对性的栽培管理。

### 2. 道路规划

道路系统规划应根据园地面积大小而定。面积较小的果园，只需把个别行间距适当加宽就可以作为道路使用。对于面积较大的果园则要有主干路、支路和小路三级道路。

### 3. 排灌系统

猕猴桃抗旱耐涝性均比较差，所有一定要做到旱能灌，涝能排。排灌系统的规划要与道路系统相结合，大型果园要设置总灌渠、支渠和灌水沟三级灌溉系统；排水系统要有小排水沟、中排水沟和总排水沟三级。特别是南方多雨，一定要建好排水系统，园地内三沟畅通。新建果园应安装节水灌溉系统和肥水同灌系统，既能节约用水用肥，又能根据猕猴桃不同生长时期的需求，实现精准供水、供肥。

### 4. 防护林带

营造防护林有改善园内小气候和防风固沙的作用。大型果园要设立主、副林带，主林带与风向垂直，副林带与主林带垂直。林带以乔木、灌木相结合为宜。常用乔木树种有杨树、榆树、桦树等，常用的灌木树种有紫穗槐、酸枣、胡枝子等。

### 5. 水土保持

对于建在山坡地的猕猴桃园一定要注意防止水土流失，在坡度较大的山地应修筑梯田，每一梯田的边缘用石块修砌，并种植深根型的小灌木，如荆条、紫穗槐等。坡度小于10°的地段，可采用垄沟栽植法，即在坡地上等高开沟，在沟外缘筑壕，猕猴桃栽植于沟内侧的壕缘上。

## （三）整地、施底肥

### 1. 整地

1个种植小区要平整成1个水平面，便于管理。并对杂草、石块等杂物进行清理。

### 2. 做畦

南方多雨地区要起垄栽培，深沟高畦，挖好畦沟和排水沟。畦面宽3~3.5m，畦按南北走向，长度60~80m。

### 3. 挖栽植沟

在畦中心线开栽植沟，沟宽70~80cm，深40~50cm。挖沟时应把表土与底土分开单放。

### 4. 施底肥

底肥施于栽植沟内，一般亩施3 000~5 000kg农家肥或2 000~3 000kg的商品有机肥加100kg钙镁磷肥，农家肥需事先堆沤，充分腐熟。先在种植沟底填一层稻草或杂草，第二层填入腐熟有机肥，与土拌匀，再把表土覆于畦面。

## （四）棚架搭建

猕猴桃是藤本果树，必须在定植前搭建坚固耐久的棚架，以利于其生长和结果。生产中常用的有水平大棚架、"T"形小棚架。

### 1. 水平大棚架

水平大棚架由水泥柱和钢丝组成。每畦1行水泥柱，在畦中心线立柱，水泥柱规格240cm×10cm×8cm，埋入土中60cm，柱距4m；畦两头各设立1根边柱，规格270cm×12cm×10cm，柱埋入土中60cm，并向外倾斜30°左右与垂直立柱构成三角形，用钢丝牵引锚石入土。果园沿行向两侧各设立1行边柱，规格270cm×12cm×10cm，设立方法与畦两头边柱相同。在距畦面1.80m高度，按畦走向沿立柱拉一道10号钢丝，钢丝从预设的孔眼穿过，在同高度沿立柱横向拉1道10号钢丝；沿畦走向距立柱两侧40cm、80cm、120cm处各拉1道12号钢丝，形成网格架面，架面与地面平行，形似1个平顶的大荫棚，故称水平大棚架（图2-1）。

优点：架面平整，采光均匀一致，果实产量高，品质好；结构牢固，抗风能力强；果实采收方便，成形后可减少除草成本。

缺点：建造成本较高；架式成形后通风条件不是很理想。

图2-1　水平大棚架

## 2. "T"形小棚架

在直立支柱的顶部加一水平横梁，构成架形像英文字母"T"的支架，其架面比水平大棚架小，故称"T"形小棚架（图2-2）。支柱长2.8～3.0m，每隔6m立1根，埋入土中0.8～1.0m，地上高1.8～2.0m。横梁长2.5～3.0m，可与支柱浇铸在一起，也可单独浇铸，再用螺丝固定在支柱上。在支柱上，距地面60cm处拉1道钢丝牵引猕猴桃上架，再在横梁上拉3～5道平行钢丝，间距50cm，中间1道正对种植行。每排支架的两端支柱需加长、向外斜埋、加锚石，并向外倾斜，或在内侧加撑柱加固，以防钢丝拉紧后支柱向内倾倒。

优点：适用于不规则的地块和高低不平的地块；可以独立存在，方便灵活，建造成本较低且容易；田间管理方便，通风透光条件好，果实产量高，品质优。

缺点：抗风能力相对较弱，架面不平整，易倒塌；果实品质好但不一致，在生产中还需改良。

图2-2　"T"形小棚架

## （五）栽培品种的选择

选择栽培品种要遵循"适地适栽"的原则，不可一味求新、求异，要充分考虑果园地理位置、种植面积、栽培模式、销售模式和劳动力等因素。

（1）栽培面积小，以观光采摘为主的果园，要早、中、晚熟多品种搭配，选择风味浓、品质优的品种。

（2）栽培面积大，以批发销售为主的果园，要品种单一，选择耐粗放管理、耐贮藏运输的品种。

（3）栽培面积较大，以批发兼零售销售的果园，可以早、中、晚熟多品种搭配，但要以耐粗放管理、耐贮藏运输的品种为主。

（4）大棚避雨栽培的果园，可以选择品质优，但抗病性弱、需精选管理的品种；露地栽培的果园则应选择抗病性强，耐粗放管理品种。

（5）劳动力充足、有管理经验的种植主体，可以多品种搭配，选择需精细管理品种；否则，应选择耐粗放管理品种。

## （六）授粉树的配置

选择雌性品种专用授粉树或配套授粉雄株系。授粉树必须要与主栽雌性品种花期相同或略早，具有授粉亲和力高、花量大、花期长等特点。雌株和雄株的搭配比例以8∶1较为适宜。

## （七）苗木定植

### 1.定植时间

12月上旬至翌年2月下旬都可以定植，春季栽植在萌芽前进行，秋季栽植落叶后进行。

### 2.定植密度

生长势偏弱或中庸的品种，如"红阳"等，按行、株距3m×2m的密度定植，每亩栽植110株。对生长势强的品种，如"金艳""金魁""徐香"等可以按行、株距3m×4m的密度定植，每亩栽植55株。

### 3. 苗木处理

定植前剪去损伤的根系，对长达30cm以上的根适当进行短截。检查嫁接苗的塑料绑条是否完全解开，可用刀片将塑料条纵向划开。嫁接部位以上保留2~3个饱满芽。

### 4. 苗木栽种

栽种时，在定植墩中心挖小穴，把苗木放在穴内，舒展根系，用细肥土填入根间，边填边揿实，苗木嫁接口应高出土面。以苗木主干为中心，做一直径30~40cm的盘状穴，用水浇透，适当加盖肥表土。在定植树盘60~80cm直径范围内盖上塑料薄膜或防草布。

## 二、种植当年管理

种植当年管理的好差直接关系到树体骨架培养和进入投产期的迟早。在南方产区，因光照充足，雨量充沛，只要管理得当，种植当年树体可以培养成形，第二年可少量挂果，种植第四年进入投产期。西部和北方产区，因春季回温迟，秋季降温早，造成生长周期短，树体骨架需2年培养成形，第五年至第六年进入投产期。

### （一）枝蔓管理

#### 1. 抹芽、除萌

春季新梢生长至3~5cm时，每株选留1个健壮新梢，其余抹除。对嫁接苗要及时抹除嫁接口以下实生苗所萌发的新梢。

#### 2. 牵引上架

定植后在距离苗木根部10cm处立直径1.5~2cm，高1.8~2m

的小竹竿，上头绑在架面钢丝上。新梢长至20cm高或不能直立生长时将新梢及时绑缚在小竹竿上，牵引新梢直立向上生长。生长势比较弱，不能1次上架的，进行摘心，促使加粗生长。

### 3. 主蔓培养

按照"一干两蔓"标准树形培养树体骨架。

（1）培养方法一。当新梢生长至架面下10cm高时，剪除顶端10cm长的新梢，使其加粗生长并分枝；选留顶端抽发出的2个副梢培养成2条主蔓，其余副梢抹除；将2条主蔓按种植行方向绑缚在中心钢丝上，当2条主蔓与相邻植株的主蔓相接时，进行摘心，使其加粗生长；2条主蔓上抽发的新梢每隔40cm保留1枝，培养成为下一年的结果母枝。

（2）培养方法二。当新梢生长至架面下10cm高时，剪除顶端20cm长的新梢，使其加粗生长并分枝；选留顶端抽发出的2个副梢，交叉弯缚，培养成2条主蔓，其余副梢抹除；之后的培养同方法一（图2-3）。

图2-3 幼树"一干两蔓"标准树形培养

以上2种培养方法的区别是，后者将2条主蔓架下交叉弯缚。经近年实践发现，主蔓架下交叉弯缚的优势：一是树体骨架更加牢固，增强树体抗风能力，减少主干与主蔓分枝处的劈裂；二是避免因果母枝随年限增长外移造成的中部位置出现空档，可以提高产量。

## （二）肥水管理

### 1. 水分管理

定植后，每隔1周左右检查土壤墒情，注意补充水分；前期水分要充足，8月以后注意控水，使枝梢老熟。南方梅雨季节，要做好清沟排水，防止发生涝害。

### 2. 施肥

第一次新梢长至20cm以上且叶片展开后，才开始追肥，以稀薄水肥为主，一般每15～20天浇水肥1次，有水肥一体化设施的每10天滴1次肥。施肥先淡后浓，薄肥勤施、少量多次，共追施5～6次。8月下旬以后停止施肥。结合病虫害防治进行3～4次根外追肥，补充微量元素肥料。

## （三）病虫害防治

（1）病害。主要做好褐斑病、黑斑病和溃疡病等的防治。
（2）虫害。主要做好叶蝉、叶甲和金龟子等的防治。
（3）防治方法详见后面章节。

# 三、成年结果树管理

## （一）整形修剪

### 1. 整修

水平大棚架和T形小棚架都按照"一干两蔓"标准高光效整形修剪。即采用单主干上架，在架面下20～30cm处按种植行方向分为2个主蔓；主蔓上两侧每隔30～40cm留1个结果母枝，结果母枝与种植行方向呈直角固定在架面上（图2-4）。由此衍生出"1255"和"1288"标准化树形。

"1255"标准化树形：适用于行、株距3m×2m的果园。即1个主干，2个主蔓，2个主蔓上各留5个结果母枝。

"1288"标准化树形：适用于行、株距4m×3m的果园。即1个主干，2个主蔓，2个主蔓上各留8个结果母枝。

图2-4 "一干两蔓"标准高光效整形修剪

### 2. 冬季修剪

在落叶后1周开始，伤流期前结束。

（1）结果母枝选留。选留生长健壮的发育枝和结果枝作为结果母枝，每亩栽植110株的，每株选留10～12个结果母枝，选留的枝条根据生长状况修剪到饱满芽处。修剪后把结果母枝均匀绑缚在架面上。

（2）留芽数量。在每个结果母枝上应保留一定的有效芽数，因品种的不同有一定的差异。对"红阳"等生长势弱的品种保留8～10个芽，对"翠香""金艳""华特"等生长势强的品种保留12～15个芽。

### 3. 夏季修剪

生长季节的枝梢管理统称为夏季修剪。

（1）抹芽。从萌芽期开始抹除着生位置不当的芽，对三生芽、并生芽应选留1个壮芽，对结果母枝上萌发过多的芽，将其中过弱、过密芽抹掉。一般主干上萌发的潜伏芽均应疏除，但着生在主干上可培养作为预备枝的芽应根据需要保留。

（2）疏枝。宜在旺树上进行。在新梢生长至15～20cm能辨认出花序时进行，疏除下一年无用的外围发育枝及徒长枝、细弱枝、过密枝以及病虫枝等。结果母枝上每隔15～20cm保留1个结果枝。

（3）摘心。在大多数中短枝已停止生长时开始，对未停止生长顶端开始弯曲缠绕的枝条，摘去新梢顶端3～5cm，下一年不用的外围枝可在开花前摘心。

（4）绑枝。冬剪后和5月中下旬进行绑枝。把枝条水平固定绑缚，使枝条在架面上均匀分布。

### 4. 雄株修剪

雄株的修剪不同于雌株，不需要整形，冬季轻剪，而重在夏剪。

（1）夏剪。花后及时进行修剪，把外围的枝条进行回缩，对已连续开花2~3年的花枝全部从基部疏除，并将过密、过弱枝疏除，保留强壮的发育枝和部分当年开花的花枝（图2-5、图2-6）。夏剪的主要目的促发新梢，为下一年培养更多的优质花枝。

图2-5　雄株夏剪前　　　　　图2-6　雄株夏剪后

（2）冬剪。疏除过密枝、细弱枝和徒长枝，保留生长充实的枝条。回缩过长、过细的枝条。

### （二）花果管理

#### 1. 授粉

猕猴桃是雌雄异株的果树，靠自然的风力传播和昆虫传粉也能完成授粉受精，但往往授粉不充分，果个小、品质差。据研究，每个猕猴桃果实要有600~800粒种子，才能使果实正常发育。所以，在生产中，必须采用人工辅助授粉，才能获得丰产和优质果品。

（1）人工授粉。包括花粉收集、加工和授粉等环节。

①花粉加工：7：00—9：00时，在雄株上采集即将开放的铃铛花，用剪刀剥除花瓣，量大的用花药分离机剥离；花药过筛后在25~28℃的恒温箱中放置20~24小时（整个烘干过程温度不可超过29℃），待花药开放散出花粉，收集装入有色瓶内，放在冰箱中低温保存。在1~2天内使用的，将花粉直接盛入干净的小杯中待用。

②授粉时间：雌花开放后应及时进行授粉，以开放的第1天和第2天授粉效果最好，开放超过3天的雌花授粉没有效果。在1天当中，晴天以8：00—11：00时授粉效果最好；阴天可以全天授粉。授粉后3小时内遇雨水，授粉效果降低。

③授粉方法：人工授粉的方法有直接对花、人工点授和机械喷粉等多种方法。

对花　采集已经散粉的雄花，用雄蕊直接对雌花的柱头，每1朵雄花，可以对4~5朵雌花，随摘随对。这种方法效果好，但效率低，1人1天只能完成0.2~0.3亩。

人工点授　在雌花开放时，用毛笔或铅笔橡皮头轻沾花粉后，对准雌花柱头上轻轻点授即可，沾1次花粉，可以点授4~5朵雌花。这种方法比较常用，但工作效率也比较低，1人1天只能完成0.6~0.8亩（图2-7）。

机械喷粉　使用机械喷粉器，用喷头对准雌花，在距离雌花15~20cm处按压电动开关，每喷1次粉可以授粉3~4朵雌花。因此，工作效率高，适合规模较大的果园（图2-8）。

（2）蜜蜂授粉。在10%的雌花开放时，每公顷果园放置活动旺盛的蜜蜂5~6箱进行辅助授粉。园中和果园附近不能有与猕猴桃花期相同的植物，园中的三叶草等绿肥应在蜜蜂进园前进行刈割。

图2-7 人工点授  图2-8 授粉器喷粉

### 2. 疏蕾疏果

猕猴桃花量大，坐果率高，正常气候和授粉条件下，几乎没有生理落果现象。如结果过多，则消耗养分，果小、品质差。

（1）疏蕾。3月下旬开始现蕾期，将部分侧花蕾、结果枝基部的花蕾、畸形花蕾疏掉。

（2）疏果。花后10～15天，疏去授粉受精不良的畸形果、小果、病虫果和过多的果等。根据结果枝的强弱，调整留果数量，生长健壮的长果枝留3～4个果，中庸的结果枝留2～3个，短果枝留1～2个，同时，注意控制全树的留果量，成龄园每平方米架面留果25～30个。

### 3. 果实套袋

谢花后50～60天开始套袋，选用棕色专用纸袋；套袋前全面仔细喷1次杀虫、杀菌剂。

## （三）土肥水管理

### 1. 土壤管理

人工栽培的猕猴桃对土壤要求是比较高的，在目前生产中，大多达不到要求，需进行土壤改良。

（1）土壤深翻。每隔3年要对园土进行深翻，10—11月结合施有机肥进行，深翻深度50～60cm，深翻后要全园喷水或滴灌。

（2）种植绿肥。10月下旬播种紫云英、三叶草等绿肥。翌年5月对绿肥进行收割，覆盖于树盘周围，可提高土壤有机质含量。

（3）秸秆覆盖。收集油菜秆等农作物秸秆，在6月下旬干旱来临前覆盖于树盘周围，有降温、保湿、防杂草、提高土壤肥力等作用。10月上旬，收集稻草覆盖，有保温、保湿、防杂草的作用。

2. 施肥

猕猴桃"喜肥怕烧"，对肥料需求较大，但又对肥料敏感。要坚持以施有机肥为主、化学肥料为辅和"少量多次"的原则，全年施基肥1次，追肥4次。每次施肥后要及时用滴灌供水。

（1）基肥。每年10月上旬至11月中旬每亩施商品有机肥1.5～2.0t，在树干两侧距主干100～120cm处，开宽、深均为40～50cm的沟施入，每株加磷肥（钙镁磷）0.5～1kg，与土壤搅拌均匀后覆土。翌年于树干的另两侧开沟施，交替进行。

（2）追肥。全年追肥4次。

①催芽肥：春季猕猴桃萌芽前10～15天，亩施高氮复合肥20kg，加硼砂2.5kg，全园撒施，浅耕入土。

②膨果肥：谢花后的40天是猕猴桃果实膨大最快的时期，要肥水供应充足。可在谢花10～15天亩施氮磷钾三元素较均衡的复合肥25～30kg，开浅沟施。看树体挂果量，因树施肥。

③增甜肥：早熟品种在采收前35～40天，中晚熟品种在采收前45～50天施用1次高钾复合肥，亩施20～25kg，以提高果实糖度，提升品质。

④采后肥：果实采收后5～10天，亩施高氮复合肥20kg，全园撒施，浅耕入土，以恢复树势，保障来年丰产。

（3）根外追肥。全年结合病虫害防治进行根外追肥4～5次。生长前期2次，以氮肥为主；后期2～3次，以磷、钾肥为主。常用叶面肥料浓度为尿素0.3%～0.5%，磷酸二氢钾0.2%～0.3%，硼砂0.1%～0.3%。宜10：00前，16：00后进行，最后1次叶面肥在果实采收前20天前进行。

### 3. 水分管理

猕猴桃"喜湿怕涝"，需要较高的土壤湿度，又怕积水，对水分要求比较高，需要精准供水。通常萌芽期、幼果膨大期、果实快速膨大期对水分需求量大；花期和果实成熟期适当控水；降水集中期要及时清淤、疏通排水系统，防止发生涝害。

避雨栽培果园要安装喷滴灌系统，在覆膜期，要根据不同生长阶段的需水量及时供水。山地果园以安装滴灌为宜，连栋大棚可同时安装滴灌和微喷，有条件的果园可安装肥水同灌系统。

### （四）病虫害防治

猕猴桃的主要病虫害及防治方法，详见第三章。

### （五）果实采收

### 1. 采收时期

适时采收是保障猕猴桃果实品质的重要因素。采收过早，果实还未完全成熟，品质低劣，不耐贮藏；采收过晚，果实硬度下降，容易造成机械伤，果实衰老快，贮藏期缩短。

确定果实采收期最简便又准确的方法，是测定果实可溶性固形物含量。一般美味猕猴桃果实可溶性固形物含量要达6.5%以上，中华猕猴桃果实可溶性固形物含量要达7.0%以上，才可以采收。

### 2. 采收要求

雨天和露水未干的早晨不能采摘，中午太阳直射高温时，不宜采摘。采摘前要剪平指甲，戴上手套，轻采轻放，最好使用专用的采果袋，避免碰伤果实。采下的果实，用铺有软布的箩或筐盛放。要根据果实成熟度，分期分批采收。

### 3. 包装上市或入库冷藏

采收后应尽快进行分级，根据不同需要进行包装，加贴标签，上市销售。要进行的冷藏的果实，在分级后进行预冷，果温降下来后尽快入库，一般从采收到入库不宜超过24小时。贮藏期间库温控制在0~3℃，库内相对湿度保持在90%~95%。

## 四、避雨栽培

避雨栽培是近年来在猕猴桃上推广使用的一项新技术，在我国长江中下游的浙江、上海和江苏等省市应用比较普遍。适用于"红阳""黄金果"等品质优、经济效益高，但萌芽早、抗病性弱、易感溃疡病的品种。

### （一）避雨栽培的优势

#### 1. 减轻不良天气的影响

"倒春寒"天气：笔者所在的浙江省，春季回温早，但经常出现"倒春寒"天气，致使新梢、花蕾冻伤，造成减产减收。

春季多雨天气：江南地区春季多阴雨天气，并且经常连绵不断，而红阳等中华猕猴桃大多在4月上中旬开花，连续阴雨天气造成无法授粉，或影响授粉效果，导致授粉受精不良。

梅雨季节：浙江、上海等省市有明显的梅雨季节，一般梅雨时间持续20～30多天，猕猴桃根系呼吸活跃，长时间的降雨导致果园积水或排水不畅，往往造成猕猴桃生长不良、烂根，甚至整株死亡。

通过避雨栽培，就能明显减轻以上不良天气的影响。

### 2. 减轻叶面病害的发生

猕猴桃的大多数病害都是通过雨水传播，特别是褐斑病、黑斑病等叶面病害，在多雨年份往往特别严重，而通过避雨栽培，就能显著减轻叶面病害的发生（图2-9、图2-10）。

图2-9　"红阳"避雨栽培叶片　　　图2-10　"红阳"露地栽培叶片

### 3. 降低猕猴桃溃疡病的发病率

猕猴桃溃疡病是严重威胁猕猴桃生产的毁灭性细菌性病害，是当前制约猕猴桃生产的国际性问题，而雨水是溃疡病的主要传播途径之一。笔者于2015—2019年，在浙江省遂昌县北界镇周村开展"红阳"猕猴桃避雨栽培防控溃疡病试验，发现避雨栽培能有效抑制溃疡病的发生，将溃疡病发病率控制在2%以内；而在溃疡病发病区，通过避雨栽培能显著降低溃疡病的发病率，并使树体逐步恢复正常的生长和结果，试验地溃疡病发病率从2016年21.6%下降至2019年的1.7%。

### 4. 提高产量和果实品质

通过避雨栽培能减轻不良天气的影响，减轻病害的发生，有利于提高和稳定猕猴桃的产量；同时，避雨栽培后可以减少病害防治次数，提高防治效果，从而提升果品质量，保障果品安全。

## （二）避雨栽培技术要点

### 1. 避雨棚搭建

常用的有小环棚、单体钢管棚和连栋大棚3种。

（1）小环棚。山地果园、梯田和小面积的平地果园一般采用小环棚。每畦1个棚，由立柱、棚顶和8道拉丝组成。棚顶高3.0m，肩高1.8m，猕猴桃架面与棚顶间距不低于1.2m。每畦1行水泥柱，在畦中心线立柱，柱长360cm，柱埋入土中60cm，柱距4m；在距畦面1.8m高度，按畦走向沿立柱纵向、横向各拉1道10号钢丝；纵向距立柱两侧40cm、80cm、120cm处再拉1道12号钢丝，形成架面。棚顶用直径20mm热镀锌钢管弓成弧形，长度为畦面宽的1.25倍，每隔1.0～1.2m立1根，固定在中心柱上。棚顶用0.05～0.06mm农膜覆盖，并用压膜带压住农膜（图2-11）。

图2-11 小环棚

（2）单体钢管棚。较规则的梯田和小面积平地果园一般采用单体钢管棚，由猕猴桃架面和钢管大棚组成。架面高度、材料规格（除畦中心线柱长度用240cm）和构建方法同小环棚，架面高1.8m。钢管棚单棚跨度6.0m，肩高2.0m，顶高3.3～3.5m，每2畦1个棚；棚由立柱、拱管、卡槽和农膜组成；棚两头各2根立柱，立柱用直径25mm热浸镀锌钢管，并用卡槽与拱管连接；拱管用直径20mm热镀锌钢管，长度为畦面宽的2.15倍，间距1.5m；棚顶用直径20mm热镀锌钢管连接，肩部用卡槽连接。选用0.05～0.06mm的农膜覆盖，农膜用两边肩部的卡槽固定，肩部以下不围农膜（图2-12）。

图2-12 单体钢管棚

（3）连栋大棚。面积较大的平地果园，宜建连栋钢管大棚。连栋大棚的建设标准参照GLP622和GLP832，单栋跨度6.0m或8.0m，2畦1栋，最多10连栋。由架面、主立柱、副立柱、顶拱杆、纵向拉杆、横向水平拉杆、加强杆、天沟、卷膜机构和基础等组成（图2-13），一般不需要配置外遮阳和侧膜。

图2-13　连栋大棚

（4）3种大棚的优缺点比较。小环棚建设简便，可以在小面积果园或不规则的山地果园搭建，造价较低，一般10～12元/m²，但因架面与棚顶距离短，通风散热条件较差，盛夏高温季节易发生高温热害；单体钢管棚造价中等，一般25～30元/m²，棚顶比小环棚略高，但也存在通风散热条件较差的情况；连栋大棚通风散热条件好，农事操作方便，特别适合于观光旅游采摘果园，但造价比较高昂，一般要85～90元/m²。

（5）猕猴桃避雨新型连栋大棚。2019年，笔者根据当地气候条件及各种结构避雨大棚在生产中使用的优缺点，结合猕猴桃生长特性，自主设计了专门用于猕猴桃避雨栽培的新型连栋大棚，造价比标准连栋大棚低，但使用效果更好。

①设计要点：单栋跨度依畦面宽度而定，可自行调整，畦面宽为3m的单栋跨度6.0m，畦面宽为3.5m的单栋跨度7.0m，2畦1栋，最多10连栋。由架面、立柱、顶拱杆、纵向拉杆、横向水平拉杆、加强杆、天沟结构的基础等组成，省去了副立柱和卷膜机构，但立柱间距缩短为3m。棚顶高4.2m，天沟高2.5m，猕猴桃

架面高与棚顶间距2.4m。棚顶拱管间距0.6m，棚顶部设1道纵向拉杆，距纵向拉杆两侧25cm各安装1道纵向卡槽，用于固定塑料薄膜，两条卡槽之间形成50cm宽的顶部通风带；拱管两侧距天沟50cm处各安装1条纵向卡槽，用于固定薄膜，形成50cm宽的侧面通风带（图2-14、图2-15）。棚膜与基础与标准连栋大棚相同。

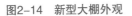

图2-14 新型大棚外观　　　　图2-15 新型大棚内部结构

②使用优势：本设计在每栋大棚顶部和两个侧面共设置3条通风带，在使用中发现存在以下几方面的优势。

通风散热条件更好　经过对新型连栋大棚和标准连栋大棚（无侧膜和遮阳层）叶幕层的温、湿度进行观测，发现新型连栋大棚较标准连栋大棚有一定的降温和降湿效果，其中，降温高的可达到0.7℃，降湿高的可达到3.4%。

抗风能力更强，减轻灾害性天气的影响　新型连栋大棚在顶部增施了1条50cm宽的通风带，加上2个侧面的通风带，共设置3条通风带，在大风来临时有更好的通风和漏风效果，因此，具有更强的抗风能力。

减少供水成本　因标准连栋大棚的天然雨水全部由天沟流入排水渠后排出果园外，果园供水全部靠节水灌溉设施完成，而新型大棚的天然雨水通过3条通风带流入畦沟（棚顶通风带正好位于畦沟上），畦沟内雨水渗透到畦面，既可满足猕猴桃对水分的需求，又不会造成积水。因此，新型大棚既能起到避雨作用，又能对天然雨水进行合理利用。

降低建造成本和维护成本　新型连栋大棚在建造时，省去了副立柱和卷膜机构，但加密了立柱，增加棚顶和侧边的4条卡槽，经折算，造价较标准连栋大棚减少8～10元/m$^2$。而卷膜机构为易损件，通常使用2～3年后就需要经常维修，需要一笔不小的费用。因此，新型连栋大棚的造价和使用成本均比标准连栋大棚要低一些。

### 2. 覆膜与揭膜

每年春季萌芽前10天左右覆盖农膜。早熟品种在果实采收后1个月左右，选择阴雨天气减少后的阴天揭膜；其他品种在10月上旬揭膜；连栋大棚可以2年揭膜1次。

### 3. 温度调控

在7—8月高温季节要注意通风散热，防止果实和叶片灼伤。小环棚每隔3～4m要卷高侧膜，留出1个长1.5～2m，宽50～60cm的通风口；单体钢管棚要打开两头的棚门；连栋大棚要经常检查顶部和侧边的通风带是否完好，确保通风散热效果。

### 4. 肥水管理

避雨栽培条件下，肥料利用率高，较常规栽培要适当减少用量。成年结果树每年施基肥1次，追肥4次。施肥时间、肥料种类、数量和方法，详见本章"（三）土肥水管理"，但适当减少施用量。避雨栽培果园需水量大，要安装喷滴灌系统，在覆膜期，根据不同生长阶段的需水量及时供水。每次施肥后也要及时用滴灌供水。

### 5. 病虫害防治

避雨栽培条件下，溃疡病和褐斑病明显减轻，但灰霉病有加重的趋势。因此，在做好溃疡病防控的基础上，重点加强灰霉病防治。花期前后和幼果期选用50%异菌脲可湿性粉剂1 000~1 500倍液或25%嘧霉胺可湿性粉剂500~600倍液，连用2次。

## 五、遮阳网覆盖

遮阳网覆盖是近年来在果树等作物上推广使用的一项新技术。猕猴桃"喜光怕晒"，在夏季容易发生高温热害。特别是美味猕猴桃中的"翠香""徐香"和毛花猕猴桃"华特"，耐寒性强，而耐高温能力弱；又如"金艳""金阳"等品种因叶片薄，特别惧怕高温。这些品种如果在低海拔区域种植，则容易发生焦边、卷叶等热害现象。

笔者于2017—2018年在浙江省遂昌开展遮阳网覆盖降温试验。从7月上旬开始采用遮光率25%的遮阳网覆盖，9月下旬气温下降后，选择阴天或多云天气揭除遮阳网（图2-16）。使用ZDR-20M型智能温湿度记录仪观测温度，每半小时记录1次（图2-17）。

图2-16 猕猴桃园遮阳网覆盖

图2-17 温湿度记录仪观测

经观察发现，有遮阳网覆盖的"金艳"猕猴桃叶片无明显高温热害现象，果实无日灼现象（图2-18）；而露地栽培的"金艳"猕猴桃叶片焦边、卷叶严重，果实日灼明显，叶片热害发生率34.2%，果实日灼发生率16.1%，对产量、品质造成较大影响（图2-19）。从温湿度记录仪统计来看，经遮阳网覆盖的叶幕层，上午升温慢，特别在午后高温出现时降温效果明显，可降低2.1~2.7℃不等。

图2-18　遮阳网覆盖的"金艳"　　图2-19　露地栽培的"金艳"

通过遮阳网覆盖栽培，可显著降低果园叶幕层气温，减轻夏季高温对猕猴桃叶片和果实的影响，减轻或避免高温热害的发生，从而解决一些不耐热品种在低海拔区域不能种植的问题，有利于扩大优良品种的种植区域和优化品种布局。

# 第三章
## 猕猴桃侵染性病害防治

### 一、猕猴桃溃疡病

猕猴桃溃疡病是一种严重威胁猕猴桃生产的毁灭性细菌性病害，具有传播快、致病性强、防治难度大等特点，在国内各产区和世界各猕猴桃生产国家普遍发生，是当前影响猕猴桃生产发展的重要因素。主要为害猕猴桃的主干和枝蔓，也为害叶片和花蕾。发病轻的树势衰弱，春季萌芽延迟，造成减产和降低果实品质；发病严重的造成猕猴桃整株死亡，甚至毁园。

#### （一）症状

发病多从枝蔓皮孔、落叶痕、枝条分杈部开始，初呈水渍状，后病斑扩大，色加深，皮层与木质部分离，用手压呈松软状。病部皮层纵向线状龟裂，高湿条件下，裂缝处流出乳白色黏液（图3-1），不久后黏液转为红褐色、铁锈状（图3-2）。流黏液部位组织下陷变黑，呈溃疡斑。用刀剖开病枝，皮层和髓部变褐色，髓部充满白色菌脓，病部以上枝叶萎蔫死亡。叶片发病，先形成红色小点，外围有不明显的黄色晕圈（图3-3），后小点扩大为2～3mm不规则暗绿色病斑，叶色浓绿时黄晕明显，宽约2～5mm，在潮湿条件下可迅速扩大为水渍状大斑，由于病斑受叶脉限制而成多角形。重病叶向内卷曲，枯焦、易脱落。花蕾受害后，在花前变褐枯死，花器受害，花冠变褐呈水腐状。受害植株春季发芽明显延迟，严重的新梢枯萎（图3-4），甚至整株死亡。

图3-1　发病初期症状

图3-2　发病后期症状

图3-3　叶面症状

图3-4　病树新梢枯萎

## （二）病原和发病规律

该病属细菌性病害，病菌主要在枝蔓的病组织内越冬，也可随病残体在土壤中越冬。春季病原细菌从病部溢出，借助风雨、昆虫、农事作业和农具等传播。病菌由植株的伤口、气孔、水孔和皮孔等侵入。远距离主要通过苗木、接穗的运输进行传播。在浙江省一般3月上旬老病斑开始复发，3月中、下旬为病菌为害盛期。6月随着温度升高，病菌潜伏，感染减轻。9—10月随着气温降低，病菌又开始活跃、侵染。

猕猴桃溃疡病属低温、高湿型病害，在低温、潮湿的气候条件下易发生和流行。病菌在气温5℃时开始繁殖，5～25℃是繁殖最适温度，感病后7天即可见明显病斑。病菌对高温适应性差，一般30℃以上就不再繁殖和侵染。

遇冬季低温冻害严重、虫害多及修剪伤口过多，则发病严重；过多使用氮肥的果园，枝叶旺长不充实，发病也严重；一般中华猕猴桃的品种比美味猕猴桃的品种发病率高。

## （三）防治方法

### 1.加强苗木检疫

严禁从疫区引苗，对外来苗木要进行消毒处理。

### 2.培育无病苗木

接穗芽条必须从无病区或无病果园选取。育苗期间，加强病虫害防治工作，发现病苗立即拔除销毁，并喷药保护周围健壮苗木。

### 3.选择抗病品种

选择"翠香""徐香""金魁""华特"等抗病性强、品质优的品种，逐步淘汰感病品种，从根本上提高对溃疡病的抗性。

### 4. 做好农业防治措施

加强保健栽培，增强树势，提高树体的抗病能力，这是预防猕猴桃溃疡病的关键。

### 5. 物理防控措施

生长季节采用大棚避雨栽培，切断病菌的传播途径，减少侵染；冬季树干涂白，保护伤口，消杀病原菌。

### 6. 药剂防治

以预防为主，重点抓好早春萌芽前后、秋季采果后和冬季修剪后3个关键时期的防控。药剂以铜制剂保护为主，结合抗生素类药物进行治疗。春季萌芽期、展叶期和花前期使用20%噻菌铜悬浮剂600倍液或46%氢氧化铜水分散粒剂1 000～1 500倍液全园喷雾，每隔8～10天喷1次，连用3次；秋季从果实采收后开始喷药，使用20%噻唑锌悬浮剂500倍液或47%春雷·王铜可湿性粉剂600～800倍液等喷雾，每隔10～15天喷1次，连用2次；冬剪后，结合清园，全园细致喷1次3～5波美度石硫合剂，消灭越冬病菌及害虫。要注意保护性杀菌剂和治疗性杀菌剂交替使用。此外，要彻底防治害虫，减少因虫害引起的伤口感染，如小绿叶蝉、大青叶蝉等。

### 7. 病斑刮治

对春季发病严重的植株，发现流红水就刮除，先刮病部，待病部刮到好皮交接处时，刮刀消毒用酒精或火烧，再刮好皮，刮光后用50倍绿乳铜涂抹，或用石硫合剂3倍液涂抹，刮下的病皮拿出园外销毁。

## 二、褐斑病

褐斑病是猕猴桃生长期最严重的叶部病害之一，在全国各产区均普遍发生。主要为害叶片和枝干，常导致叶片大量枯死或提早脱落，影响果实产量和品质。

### （一）症状

发病部位多从叶缘开始，初期在叶边缘出现水渍状污绿色小斑，后沿叶缘或向内扩展，形成不规则的褐色斑。在多雨、高湿条件下，病情发展迅速，病部由褐变黑，引起霉烂。在正常气候条件下，病斑外沿深褐色，中部浅褐色至褐色，其上散生许多黑色点粒（图3-5）。随着气温升高，叶片中部的斑点逐渐增多、扩大，后渐扩大形成不规则的褐色病斑。高温下被害叶片向叶面卷曲或破裂，乃至干枯脱落。叶面也会产生病斑，但一般较小，为3～15mm。叶背病斑黄棕褐色，有灰色菌丝体，病斑处有浓密的墨绿色霉层，最后整张叶片枯死。7月中旬叶缘变为黄褐色卷曲状，形状似日灼病症，可见大量病叶干枯死亡（图3-6）。结果枝被侵染后容易落果。受害的树体主干树皮粗糙，木质腐烂，髓心变成褐色后干枯死亡。

图3-5　叶片症状

图3-6　重病果园症状

（二）病原和发病规律

病原菌为真菌，以分生孢子器、菌丝体和子囊壳在寄主病残落叶上越冬，翌年春季新梢展叶后，产生分生孢子和子囊孢子，借助风雨飞溅到嫩叶上，萌发菌丝进行初侵染为害叶片，新产生的分生孢子在生长季节形成多次再侵染。我国南方5—6月多雨，气温较高，利于侵染，7—8月为发病盛期。夏季连续阴雨天气有利于病害发生和蔓延，树势衰弱、偏施氮肥、枝梢郁闭、通风透光不良的果园发病严重。

（三）防治方法

1. 冬季清园

冬剪后清扫枝条和落叶，结合施肥深埋于坑中；再用3～5波美度石硫合剂全园细致喷雾，减少越冬病原菌。

2. 加强肥水管理

施足基肥和3次追肥；雨季要及时排水，防止积水造成烂根。

3. 物理防控

采用大棚避雨栽培，防止病菌侵染和传播。

4. 药剂防治

发病初期，选用70%代森锰锌可湿性粉剂600～800倍液，或用25%吡唑醚菌酯乳油1 500～2 000倍液，或用70%甲基硫菌灵可湿性粉剂1 000～1 200倍液喷雾，每隔10～15天喷1次，连喷2～3次。

三、黑斑病

黑斑病又称霉斑病，是猕猴桃主要叶部病害之一，在全国各产区均有发生。主要为害叶片、枝蔓和果实，严重影响猕猴桃的生长、结果和果实品质。

（一）症状

叶片：发病初期，叶片背面形成灰色绒毛状小霉斑（图3-7），以后病斑扩大，呈灰色、暗灰色或黑色绒霉状，严重者叶背密生数十个至上百个小病斑，小病斑渐融合成大病斑，直至整叶枯萎、脱落。在病部对应的叶面上出现黄色褪绿斑（图3-8），以后逐渐变黄褐色或褐色坏死斑，病斑多呈圆形或不规则形，病健交界不明显，病叶易脱落。

枝蔓：初在表皮出现黄褐色或红褐色水渍状、纺锤形或椭圆形病斑，稍凹陷，后扩大并纵向开裂、肿大，形成愈伤组织，病部表皮或坏死组织上产生黑色小粒点或灰色霉层。

果实：初期为灰色绒毛状小霉斑，以后扩大成灰色至暗灰色大绒霉斑，随后绒霉层开始脱落，形成明显凹陷的近圆形病斑。刮去病部表皮，可见病部果肉呈褐色至紫褐色坏死状，病斑下面的果肉组织形成锥状硬块。果实后熟期间，病斑部和健部分别不明显，使果肉最早变软发酸，不堪食用，以后整个果实腐烂。

图3-7　叶背症状

图3-8　叶面症状

## （二）病原和发病规律

病原为真菌，主要以菌丝体和有性子实体在枝蔓、叶片病部或病残组织中越冬，在病斑上长出的黑色霉层是病菌的分生孢子梗和分生孢子，是病害的主要侵染源。翌年春天猕猴桃开花前后开始发病，孢子借助风雨传播，引起初浸染，2～3天病斑又再形成孢子，进行重复浸染。病害的发生与降雨关系密切，4月中下旬至5月上旬为叶片发病初期，进入6月梅雨季节，因连续雨天，病害发展快，引起流行。5月上旬至5月下旬为果实发病初期。通常植株近地面处叶片先发病，继而向上蔓延。栽植过密，棚架低矮，通风透光条件差的果园往往发病重。

## （三）防治方法

### 1. 农业防治

做好冬季清园；及时清沟排水，降低果园湿度；发病初期，及时剪除病枝病叶，防止传染蔓延；做好疏枝、绑蔓，改善果园通风透光条件；采用避雨栽培。

### 2. 药剂防治

于4月下旬开始选用50%啶酰菌胺水分散粒剂1 200～1 500倍液，或用20%三唑酮乳油6 000倍液，或用25%吡唑醚菌酯乳油1 500～2 000倍液进行喷雾防治。间隔10～15天防治1次，连续3～4次。

## 四、轮斑病

轮斑病主要为害叶片，是猕猴桃主要叶部病害之一。

## （一）症状

病斑多从叶片中部或叶缘开始发生。发病初期，在叶缘或叶面出现水渍状褪绿灰褐斑，后病斑不断扩大，在叶面上形成圆形或近圆形病斑（图3-9）。发生在非叶缘的病斑，受叶脉限制，明显比叶边沿的病斑要小，但比褐病的病斑大。病斑穿透叶两面，叶背病斑黑褐色，叶面灰褐色，具轮纹，后期在病部散生或密生许多小黑点（图3-10）。

图3-9　叶片发病前期　　　　图3-10　叶片发病后期

## （二）病原和发病规律

病原为真菌，以分生孢子盘、菌丝体和分生孢子在病叶上越冬。翌年春季，气温上升产生新的分生孢子，随风雨传播，飞溅到新梢叶片上，在露滴中萌发，从气孔侵入为害，进而又进行重复侵染。5—6月为侵染高峰期，8—9月高温少雨，为害最烈，叶片大量焦枯。

## （三）防治方法

防治方法，参见"褐斑病"。

## 五、炭疽病

炭疽病是猕猴桃的主要病害之一，在全国各产区均有发生。主要为害叶片和果实，也感染枝条，严重影响植株生长发育和产量。

### （一）症状

叶片：一般从叶缘开始发病，初呈水渍状，后变为渴色不规则病斑，病健交界明显（图3-11）。后期病斑中间变为灰白色，边缘深渴色，病斑正面散生许多小黑点，受害叶片边缘向叶背卷曲，干燥时叶片易破裂，在潮湿多雨情况下，叶片常腐烂、脱落。

果实：发病初期，绿色果面出现淡褐色小斑点，圆形，边缘清晰（图3-12）。后病斑逐渐扩大，变为褐色或深褐色，表面略凹陷。将病果纵向剖开，果肉变褐腐烂，有苦味，剖面呈圆锥形，可烂至果心，病健分界明显。

枝条：枝条受害先形成淡褐色小点，病斑周围呈褐色，中间长有小黑点。

图3-11　叶片发病症状　　　　　图3-12　果实发病症状

## （二）病原和发病规律

病原为真菌，以菌丝体或分生孢子在病残体或芽鳞、腋芽等部位越冬。翌春嫩梢抽发期，产生分生孢子，借风雨飞溅到嫩叶上进行初侵染和再侵染。病菌从伤口、气孔侵入，以结果初期至落叶为害较为严重。高温、高湿是炭疽病发生和流行的主要条件。炭疽病有明显的发病中心，即果园有中心病株，树上有中心病叶和病果。

## （三）防治方法

### 1. 农业防治

冬季清园；及时疏枝、摘心、绑蔓，使果园通风透光；合理施肥，提高植株抗病能力；注意及时清沟排水，防止果园积水。

### 2. 药剂防治

在猕猴桃萌芽期，果园发病初期开始喷药，以后每隔10～15天喷1次，连喷3～4次。药剂可使用1∶0.5∶20波尔多液，或用50%氟啶胺悬浮剂2 000倍液，或用70%甲基硫菌灵可湿性粉剂1 000倍液，或用75%肟菌·戊唑醇水分散粒剂3 500～4 000倍液喷雾。

# 六、灰霉病

猕猴桃灰霉病主要发生在花期、幼果期和贮藏期，在全国各产区均有发生。在病害严重的年份，果园发病率和贮藏期发病率可达50%以上，已成为影响猕猴桃产业健康发展的主要病害。

## （一）症状

叶片：带菌的雄蕊、花瓣附着于叶片上，并以此为中心，形

成轮纹状病斑，以后病斑扩大，
叶片上产生白色至黄褐色病斑，
湿度大时常出现灰白色霉状物
（图3-13）。

花：花染病后，花朵变褐并
腐烂脱落，花朵表面密生灰白色
霉状物（图3-14）。

果实：幼果初发病时，茸毛

图3-13　叶片受害状

变褐，果皮受侵染，表面形成灰褐色菌丝和孢子，后形成黑色菌
核（图3-15），严重时可造成落果。

图3-14　花受害状

图3-15　果实受害状

## （二）病原和发病规律

病原为真菌，以菌核和分生孢子在果、叶、花等病残组织中
越冬。在第2年花期，遇降水或高湿条件，病菌侵染花器引起花
腐，带菌的花瓣落在叶片上引起叶斑，残留在幼果梗的带菌花瓣
从果梗伤口处侵入果肉，引起果实腐烂。病原的生长发育温度为
0～30℃，最适温度为15～20℃。在20℃以下的温度中，灰霉病源
菌生长旺盛，因此，在低温时发生较多。

### （三）防治方法

#### 1. 农业防治

做好冬季清园；起垄栽培，注意果园排水；避免密植，改善通风透光条件，降低湿度；采果时应避免和减少果实受伤，避免阴雨天和露水未干时采果；及时去除园中病果，防止二次侵染；入库后，适当延长预冷时间。

#### 2. 药剂防治

花前开始喷杀菌剂，用50%啶酰菌胺水分散粒剂1 200～1 500倍液，或用50%腐霉利可湿性粉剂1 000～1 500倍液，或用50%异菌脲可湿性粉剂1 500倍液。隔10～12天喷1次，防治2～3次。

## 七、花腐病

花腐病为细菌性病害，在全国各产区均有发生。主要为害花蕾、花瓣和幼果，严重影响猕猴桃产量和品质。

### （一）症状

花蕾受害，萼片上出现褐色凹陷斑块。当侵染至花蕾的内部后，花瓣变为橘黄色，开放时，里面的组织呈深褐色并已腐烂。受害不重的花也能开放，但较正常花开放得慢，同时，花瓣变褐，烫伤状（图3-16）。干枯后的花瓣挂在幼果上不脱落，病菌从花瓣扩展到幼果上，引起幼果变褐萎缩（图3-17）。受害果大多在花后1周内脱落，少数受害轻的果实皮层局部膨大，形成畸形果、空心果。叶片受害形成叶斑病，侵染后叶片正面为黄色晕圈，圈内为深褐色病斑，背面受害处为灰色。

图3-16　花受害状　　　　　　图3-17　幼果受害状

## （二）病原和发病规律

病原为细菌，在树体的叶芽、花芽和土壤中的病残体上越冬。病菌主要借风雨和昆虫传播，由气孔和伤口入侵。发病情况与气候密切有关，高温高湿是其发生与侵染的有利条件，花朵发病率与整个花期的降水呈正相关，现蕾至开花期温度偏低，遇雨或园内湿度大，此病发生就严重。地势低、排水不良、通风透光条件差、湿度大的果园发病重。

## （三）防治方法

### 1. 农业防治

冬季清园；避免密植，及时疏枝绑蔓，改善架面的通风透光条件；做好清沟排水，防止果园积水；大棚栽培的，揭高棚膜，降低花期大棚内湿度。

### 2. 药剂防治

萌芽后至花蕾期，用4%春雷·中生可湿性粉剂600～800倍液，或用20%噻菌铜悬浮剂600倍液，或用46%氢氧化铜水分散粒剂1 000～1 500倍液喷雾防治。采果后至萌芽前喷2～3次1%波尔多液，或用47%春雷·王铜可湿性粉剂600～800倍液。

## 八、软腐病

软腐病是为害猕猴桃果实的主要病害之一，是后熟及贮藏期最常见到的侵染性病害。

### （一）症状

在果实近成熟期开始发病，发病初期，病果和健果外观无区别（图3-18），中、后期被害果实逐渐变软，果皮由橄榄绿局部变褐，继续向四周扩展，致半果或全果转为褐色（图3-19），用手捏压即感果肉呈糨糊状。发病重的果皮、果肉分离，果汁淡黄褐色，有腐臭味。贮藏期间腐烂率高者达30%。

图3-18　果实受害状

图3-19　果肉症状

### （二）病原和发病规律

病原为真菌，以菌丝体在枯枝、果梗或落入土壤的病残体上越冬。4—5月生成分生孢子，从皮孔侵入，6—8月有大量的孢子产生，借雨水短距离传播，1年中可进行多次侵染。分生孢子在条件适合时极易萌发，并在24小时内侵入幼果或成熟果，果实成熟期表现出被害症状。5—7月的阴雨天气有利于病害的发生与蔓延。

### （三）防治方法

#### 1. 农业防治

冬季清园，减少病原菌。

#### 2. 果实套袋

谢花后5周左右套袋，避免侵染果实。

#### 3. 药剂防治

谢花后2周至果实膨大期，用50%多菌灵可湿性粉剂800倍液，或用50%异菌脲可湿性粉剂1 500倍液，或用70%甲基硫菌灵可湿性粉剂1 000～1 200倍液喷雾，间隔15～20天喷1次，使用2～3次。

#### 4. 浸果处理

用于冷藏的果实，于采后24小时内1 000mg/kg异菌脲浸果1分钟，可防止该病在贮藏期大量发生。

## 九、蒂腐病

蒂腐病是猕猴桃果实主要病害之一，在全国各产区均普遍发生。

### （一）症状

受害果起初在果蒂处出现明显的水渍状病斑，以后病斑均匀向下扩展，果肉由果蒂处向下腐烂，蔓延全果，略有透明感，有酒味，病部果皮上长出一层不均匀的绒毛状灰白真菌，后

变为灰色（图3-20）。由于蒂腐病潜伏为害，贮藏期烂果率达
20%～40%。

图3-20　狝猴桃蒂腐病

（二）病原和发病规律

　　病原为真菌，以分生孢子在病部越冬，通过气流传播。春季
萌芽后，病菌先侵染花，引起花腐。果实感染发生于采收、分级
和包装过程中。狝猴桃园中病菌孢子的大量形成时期是在开花期
至落瓣期。狝猴桃在泠藏（0℃）条件下，受侵染果实约经4周出
现症状，12周后未发病果一般不会再发病。

（三）防治方法

1. 农业防治

做好冬季清园工作，及时摘除果园内病花，并集中深埋或销毁。

2. 药剂防治

　　开花后期和采收前各喷1次杀菌剂，用70%甲基硫菌灵可湿性
粉剂1 000～1 200倍液，或用倍量式波尔多液，或用70%代森锰锌

可湿性粉剂500倍液等喷雾。

### 3. 浸果处理

用于冷藏的果实，于采后24小时内药剂处理伤口和全果，用50%多菌灵可湿剂1 000倍液加"2,4-D"100mg/kg浸果1分钟。

# 十、菌核病

菌核病是多雨地区猕猴桃果园常见的一种病害。

## （一）症状

菌核病主要为害花和果实。雄花受害，最初呈水浸状，后变软，继之成簇衰败凋残，干缩成褐色团块。雌花被害后花蕾变褐，枯萎而不能绽开。在多雨条件下，病部长出白色霉状物。果实受害，初期呈现水渍状褪绿斑块，病部凹陷，渐转为软腐。病果不耐储运，易腐烂。大田发病严重的果实，一般情况下均先后脱落；少数果实由于果肉腐烂，果皮破裂，腐汁溢出而僵缩；后期，在病果果皮的表面，产生不规则的黑色菌核粒（图3-21）。

图3-21　猕猴桃菌核病

## （二）病原和发病规律

病原为真菌，以菌核在土壤中或病残组织上越冬，翌春猕猴桃始花期菌核萌发，产生子囊盘并弹射出子囊孢子，借风雨传播，为害花器。土壤中少数未萌发的菌核，可不断萌发，侵染生长中的果实，引起果腐。当温度达20~24℃、相对湿度85%~90%时，发病迅速。

## （三）防治方法

### 1.冬季清园

冬季修剪后彻底清园，减少来年病原菌。

### 2.翻土埋菌

施肥后，翻埋表土15~20cm，使土表菌核深埋于土中不能萌发侵染。

### 3.药剂防治

用50%乙烯菌核利可湿性粉剂800倍液，或用40%菌核净可湿性粉剂500倍液，或用50%腐霉利可湿性粉剂1 000~1 500倍液，在开花前、落花期及幼果期喷雾防治。

# 十一、蔓枯病

蔓枯病是猕猴桃的枝干病害，为猕猴桃主要病害之一。主要为害2年生以上枝蔓，当年生新枝蔓一般不发病，病斑多在剪锯口、嫁接口和枝蔓分杈处发生。多年生老树发病率高，有的果园病梢率高达80%，严重时，造成大量枝梢死亡甚至整枝或整株死亡。

## （一）症状

病部初为红褐色，渐变为暗褐色，形状不规则，组织腐烂。后期病部稍下陷，表面散生黑色小粒点，潮湿时从小粒点内溢出乳白色卷丝状分生孢子角。病斑向四周不断扩展，当环绕枝蔓一周时，就造成上部枝条枯死（图3-22）。

图3-22　蔓枯病

## （二）病原和发病规律

病原为真菌，以菌丝和分生孢子器在病组织内越冬，借助风雨、昆虫传播，从幼嫩组织自然气孔或伤口侵入。病枝蔓普遍带菌，抽梢期和开花期出现发病高峰。发病与树势有关，伤口是诱发病害的主要因素，冻害后常引发病害流行。

## （三）防治方法

### 1. 树干涂白

冬季修剪后和盛夏来临前树干涂白，防止冬季冻害和夏季枝条灼伤。

### 2. 农业防治

平衡施肥，改善果园通风透光条件，加强栽培管理，增强树势。

### 3. 药剂防治

春季发芽前、新梢生长期用60%唑醚·代森联水分散粒剂1 000～1 500倍液，或用25%嘧菌酯悬浮剂1 500倍液，或用40%氟硅唑乳油8 000倍液喷雾。

## 十二、膏药病

膏药病主要为害猕猴桃枝干，引起枝条枯死，树势衰弱。常见的有白色膏药病和褐色膏药病。

### （一）症状

膏药病主要发生在枝条和根颈部，在枝干上形成厚菌膜。发病时，被害枝干（老枝较多）上紧贴着圆形、半圆形或不规则形的白色或褐色的绒状菌丝膜，形成菌丝斑后扩大，中间渐变为灰褐色至深褐色，边缘仍为白色或全部变成深褐色，外观如贴上膏药状（图3-23）。膏药病也同时为害果蒂，造成落果，

图3-23 膏药病

降低产量和品质。

## （二）病原和发病规律

病原为真菌，以菌丝体在病枝上越冬，翌年春夏间，当温、湿度适宜时，菌丝继续生长形成子实层。借气流和蚧壳虫传播，使病害蔓延、扩大。两种膏药病菌均以蚧壳虫分泌的蜜露为养料，因此，凡蚧壳虫严重发生的猕猴桃园，膏药病也严重。此外，过分荫蔽、潮湿和管理粗放的老猕猴桃园也易发病。

## （三）防治方法

### 1. 农业防治

做好冬季清园；平衡施肥，增施有机肥，补充微量元素肥料；做好疏枝绑蔓，改善通风透光条件；增强树势，提高树体抗病能力。

### 2. 做好蚧壳虫的防治

在蚧壳虫幼蚧孵化盛期及时喷药防治，减少病原传播。

### 3. 病树涂药

病斑刮除后，涂抹1%波尔多液，或用1波美度石硫合剂，或用1∶20石灰乳。最好在4—5月和9—10月的雨前或雨后再涂刷1～2次。

### 4. 药剂防治

发病初期用40%腈菌唑水乳剂2 000倍液，或用60%腈菌锰锌可湿性粉剂1 000～1 500倍液，或用60%唑醚·代森联水分散粒剂1 000～1 500倍液喷雾防治。

## 十三、疫霉根腐病

疫霉根腐病是猕猴桃的主要根部病害，在南方多雨地区发生普遍。

### （一）症状

发病初期，在跟颈部位出现暗褐色水渍状病斑（图3-24），逐渐扩大后产生白色绢丝状菌丝。病部皮层和木质部逐渐腐烂，有酒糟气味。下面的根系逐渐变黑腐烂（图3-25），地上部叶片变黄脱落，严重时树体萎蔫死亡。

图3-24　根颈部症状

图3-25　根系症状

### （二）病原和发病规律

病原为真菌，以卵孢子在病残组织中越冬，翌春卵孢子萌发产生游动孢子囊，借土壤和水流传播，经根茎、根系伤口侵入。1年中可进行多次重复侵染。土壤黏重、排水不良的果园以及多雨季节容易发生，盛夏发病严重。受伤的根和根茎容易被感染，特别是渍水时更容易侵染。通常7—9月严重发生，10月以后停止蔓延。

## （三）防治方法

### 1. 科学建园

选择排水通畅、透气性好的地块；挖深排水沟，起垄栽培。

### 2. 减少伤口

防止植株根颈部或根部造成伤口，如出现伤口，要及时涂药保护，促进愈合；若伤口发生侵染，应及时刮除病部腐烂组织并涂波尔多液或石硫合剂消毒。

### 3. 农业防治

多施基肥，改良土壤结构；避免偏施氮肥，平衡施肥量，并适当配施锌、硫、硼等微量元素肥料。

### 4. 药剂防治

在3月下旬和5月中下旬，可用80％代森锰锌可湿性粉剂600～800倍液，或用45％甲霜·噁霉灵可湿性粉剂500倍液，或用50％多菌灵可湿性粉剂500倍液浇灌根部。此外，每次喷药防叶、果病害时，应对根茎部也进行喷雾，可预防和治疗该病害。

# 十四、根结线虫病

猕猴桃根结线虫病实际上由根结线虫为害引起的病害，是比较常见的根部病害，在全国各产区均有发生。受害植株常表现为树体生长不良、长势弱、产量低、果实质量差。

## （一）症状

被害的植株根部肿大，产生大小不等的圆形或纺锤形根结

（根瘤），也就是虫瘿（图3-26）。根瘤初呈白色，表面光滑，后变为褐色，数个根瘤常合并成为大的根瘤，外表粗糙。受害根较正常根短小、分枝少，后期整个根瘤和病根变成褐色而腐烂。

图3-26　根结线虫病

（二）发生规律

线虫主要为害根部，包括主根、侧根和须根，从苗期到成株期，无论哪一个生育期均可受害。受害根肿大呈根瘤或根节，直径1~20mm不等。根瘤形成并扩大后，导致根的维管、导管组织畸形或阻塞，影响水分、养分的吸收，使猕猴桃营养缺乏而生长发育不良。在湿润的沙土中，猕猴桃发病重，连作苗圃发病更重，在黏土上发病相对较轻。

（三）防治方法

1. 苗木检疫

不从病区调运苗木，不种植带有线虫的苗木。

### 2. 培育无病苗木

选用抗线虫砧木；苗圃地每2年更换1次，不可连作。

### 3. 加强栽培管理

增强树势，提高抗病能力。如果发现已经定植的苗木带有线虫时，要立刻挖除，并清理干净带病根系，集中深埋或销毁。

### 4. 苗木处理

对可疑苗木，在种植之前要用48℃的温水浸泡根部15分钟，这样可以杀死根瘤内的线虫。

### 5. 土壤处理

对根结线虫病株，可用2亿孢子/g的淡紫拟青霉，按1.5～2kg/亩的用量，对水后均匀浇灌在病株毛细根区；对发病严重的植株，隔10天后再浇灌1次。

# 第四章
## 猕猴桃非侵染性病害防治

### 一、裂果病

猕猴桃裂果病是果园阶段性发生的一种生理性病害，以南方多雨地区发生为主，北方果园发生较少，但遇连续下雨天气也会发生。

### （一）症状

裂果病大多发生在果实中下部。初发生时，在果脐凹沿出现轻度龟裂，然后迅速纵向裂展，长度可达果实纵径的1/2，深度可达果肉内层。在高温干燥气候条件下，伤口会慢慢愈合；在高温多雨气候条件下，伤口部位逐渐腐烂，果实在几日后脱落（图4-1）。

图4-1　裂果症状

## （二）发生原因

### 1. 土壤水分不均匀

果实膨大期，连续晴天干旱后，突遇大雨或连续阴雨天气，就会引发裂果；长时间没有供水，而后突然供大水，也会引发裂果。

### 2. 缺钙、缺硼

施氮肥时铵态氮过多，会增加缺钙性裂果的发生。硼能有效增加果皮的韧性以防裂果，果实缺硼后一般会引起果实肩上的裂果。

### 3. 栽培管理不当

果园通风透光条件差，土壤酸化、板结，排水不畅等。

### 4. 品种生理特性

有些品种果皮薄，果皮发育质量差，容易发生裂果。

## （三）防治方法

### 1. 选择品种

根据当地土壤气候条件，选择不易发生裂果或抗裂性强的品种。

### 2. 做好田间管理

做好水分管理，保持果园土壤水分均匀；均衡施肥，增加果皮厚度和韧性；梅雨季节，做好清沟排水。

### 3. 增施钙、硼等微量元素肥料

在果实膨大成熟期间，每7～10天叶面喷洒1次活性钙或螯合钙，连续喷洒2～3次，增加果皮厚度和韧性。

## 二、日灼病

猕猴桃日灼病又叫日烧病，在海拔低的丘陵、平原较为普遍。主要为害果实、叶片，严重时，也为害枝条、主干。

### （一）症状

病害多发生于受强光灼伤的果皮部分。轻度日灼病引起果皮变黄褐色或出现白色的枯死斑点，严重的日灼病出现圆形下陷的枯死干疤，毛茸脱落，果肉细胞坏死（图4-2）。叶片受害，初为类似烫伤的水渍状，几日后叶片焦枯，受害部位干枯、易破碎。整张叶片表现为焦边卷叶，不久病叶脱落（图4-3）。

图4-2　幼果受害状　　　　图4-3　叶片受害状

### （二）发生原因

日灼病是猕猴桃在夏季高温时常见的一种生理性病害。通常是由于树势不良、叶片少，使果实没有"藏身"之处，因果皮薄，在高温和强烈的阳光照射下引起果皮，果肉灼伤，以向阳面的果实受害为多。此病多发生在6—8月，以7月中下旬最为严重，在5月幼果期，如出现突然的高温天气，幼果也会发生灼伤。

## （三）防治方法

### 1. 科学施肥

坚持平衡施肥，健壮树体，提高叶面积。

### 2. 合理修剪

保持合理叶果比，适当增加叶幕层厚度，防止阳光直接照射果实和枝干。

### 3. 果实套袋

6月上旬高温来临之前果实套袋，防止强光直射。

### 4. 适时灌水

猕猴桃在6—8月需水量大，要及时供水，保持土壤湿润，避免缺水。

### 5. 遮阴防晒

采用30%遮光率的遮阳网覆盖，在高温天气能起到很好的降温、防晒效果。

# 三、黄叶病

黄叶病也称猕猴桃叶片黄化病。在地下水位较高的潮湿地，南方地势低、易积水的果园，发病率较高。

## （一）症状

发生黄化病的叶片，除叶脉为淡绿色外，其余部分均发黄失绿（图4-4），叶片小，树势衰弱。严重时叶片发白，外缘卷缩枯焦，果实外皮黄化，果肉切开呈白色，丧失食用价值，长时间发病还会引起整株树干死亡。

图4-4　黄叶病

（二）发生原因

发病主要有以下几种情况：一是盛果期的老果园因负载量过大，造成树势衰弱而发病；二是没有水源，因过分干旱而影响营养吸收的果园；三是不注意氮、磷、钾及微量元素平衡配套施肥的果园；四是忽视防治线虫病、根腐病为害的果园；五是管理粗放的果园。以上几种情况都从根本上导致树势衰弱，根系吸收、输送能力下降而发生黄叶。

（三）防治方法

1. 合理负载

结合修剪抹芽、疏花疏果，剪除病枝蔓，合理留果，以免负载过量。

### 2. 平衡施肥

以有机肥为主，化肥为辅，增施钾肥，增强树势，提高抗病能力。

### 3. 清沟排水

南方地势低、易积水的果园要起垄栽培，深沟高畦，及时排水。

### 4. 药物防治

用中草药保护性杀菌剂靓果安和叶面肥沃丰素配合使用，在萌芽展叶期、新梢生长期各喷施1次；果实膨大期，每月喷施1次。

## 四、缺硼症

猕猴桃缺硼不但影响叶片、果实的生长，还会引发猕猴桃蔓肿病的发生。

### （一）症状

猕猴桃缺硼症状最初出现在开花前后，因花芽分化不良，授粉作用受阻，造成大量落花落果，甚至花蕾枯萎。同时，新梢生长缓慢或停滞，梢端变褐，有时梢尖枯死。叶部症状主要表现在上部叶片，副梢各叶脉间或叶缘出现浅黄色褪绿斑（图4-5），严重者畸变或引致叶缘焦枯。树干发病表现为：植株基部老蔓较细，1m以上的中段主蔓较粗，主蔓上粗下细，同时，表皮开裂，病树挂果少，叶色偏黄，称为"蔓肿病"（图4-6）。

图4-5 缺硼叶部症状

图4-6 缺硼引发蔓肿病

## （二）发生原因

硼的功能是在植物体内促进新细胞的分化，并调节碳水化合物的代谢。树体内缺少硼时，细胞虽可分化，但内部构造不能很好地形成，因而限制了各器官的正常生长和发育。缺硼症多发生在缺乏有机质的瘠薄土壤和酸性土壤中，较少在中性或碱性土壤中发生。土壤干旱时，植株对硼的吸收明显受到抑制。多雨或灌溉地区的沙质土易使土壤中的硼流失。硼不能从植株的老叶移动到幼叶，因此，症状最早出现在幼嫩组织。

### （三）防治方法

#### 1. 防治病害

剪除病枝，及时防治根结线虫及白纹羽病。

#### 2. 土施硼肥

在离树干50～80cm处开浅沟，每株大树施硼砂5～8g，施后及时浇水。猕猴桃对硼过量很敏感，所有施用时要特别小心。

#### 3. 根外追肥

于花期前2～3周，或谢花后10～15天，叶面喷施0.3%硼酸溶液1～2次。

## 五、缺钙症

### （一）症状

刚成熟的叶片上先表现症状，后慢慢向幼叶发展。幼叶上发生时，叶片不能正常展开，叶缘向叶面卷起，整张叶片似"瓢羹形"；成熟叶片上表现为叶基部叶脉颜色暗淡，有的产生坏死，变成坏死斑块，变脆或干枯脱落，枝梢枯死。枝上的新芽粗糙，生长慢（图4-7）。

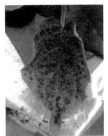

图4-7 缺钙症

（二）发生原因

猕猴桃缺钙多发生在土壤干燥或土壤溶液浓度高时，妨碍对钙的吸收和利用引起。

（三）防治方法

（1）增施有机肥，对土壤进行改良。

（2）早春及时浇水，雨后及时排水，适时适量施入氮肥，促进植株吸收钙肥。

（3）在猕猴桃生长季节及时喷施0.3%～0.5%硝酸钙溶液，隔15天左右喷1次，连喷3～4次。最后1次应在采收前20天效果好。

## 六、缺镁症

### （一）症状

　　猕猴桃缺镁现象比较常见，缺镁一般在植株生长中期出现，先在老叶的叶脉间产生浅黄色失绿症状（图4-8），失绿症状常起自叶缘，并向叶脉扩展。随病情发展，褪绿部位出现枯萎（图4-9）。幼叶一般不出现症状。

图4-8　叶脉间失绿　　　　　　　　图4-9　叶缘枯萎

### （二）发生原因

　　在酸性或沙性土壤中，可供态镁易流失或淋溶，容易造成缺镁。

### （三）防治方法

　　（1）增施有机肥，少施化肥，注意不要过量偏施速效钾肥。
　　（2）发病轻的可在6—7月叶面喷施1%～2%的硫酸镁溶液2～3次。

（3）缺镁严重的猕猴桃园，可把硫酸镁混入有机肥中进行根施，每亩施入硫酸镁2.5～3.5kg。

## 七、缺锰症

### （一）症状

缺锰症状最初表现在幼叶上，叶脉间组织褪绿黄化，出现细小黄色斑点，斑点类似花叶症状（图4-10）。第1叶脉与第2叶脉两旁叶内仍保留绿色，暴露于阳光下的叶片较荫蔽处更明显。进一步缺锰，会影响新梢、叶片、果实生长与成熟。含有石灰的土壤，缺锰症状常被石灰褪绿的黄化所掩盖，应引起注意。

图4-10　缺锰症状

### （二）发生原因

锰元素在植物体内不易运转，较少流动。锰的功能是在生长过程中促进酶的活动，协助叶绿素的形成。锰一般存在于植物体内生理活跃部分，特别在叶片内，对植物的光合作用和碳水化合物代谢都有促进作用。缺锰会使叶绿素形成受阻，影响蛋白质合成，出现褪绿黄化的病状。酸性土壤一般不会缺锰，而土质黏重、通气不良、地下水位高、pH值高的土壤则较易发生缺锰症。

### （三）防治方法

（1）增施有机肥，平衡施肥。

（2）在开花前对叶面喷0.5%的硫酸锰溶液，对发病重的果园可喷2次，相隔时间为8～10天。施用含微量元素丰富的无机复合肥，也可以调整缺锰状况。

## 八、缺铁症

### （一）症状

缺铁症首先发生在刚抽出的嫩梢叶片上。患病叶片呈鲜黄色，叶脉间失绿，两侧呈绿色脉带（图4-11）。严重时，叶面变成淡黄色甚至白色，最后叶面发生不规则的褐色坏死斑（图4-12）。受害新梢生长量很小，叶片变薄，花穗变成浅黄色，坐果率很低。植株显得矮小。

图4-11　缺铁初期症状

图4-12　缺铁后期症状

（二）发生原因

铁的作用是促进多种酶的活性，缺铁时叶绿素的形成受到影响造成叶片褪绿。因铁在植物体内不能从部分组织移动到另一部分组织，所以，缺铁症一般首先在新生长的和刚展开的叶片上出现。土壤黏重，排水不良，土温过低或含盐量较高都容易引起铁的供应不足，尤其是春季寒冷，湿度大或晚春气温突然升高，新梢生长速度过快易诱发缺铁。

（三）防治方法

（1）增施有机肥，适量施硫酸亚铁、硫黄粉、硫酸铵等，以降低土壤含盐量，提高有效铁浓度。

（2）根外追肥，叶面喷施5%硫酸亚铁溶液，或用0.5%尿素+0.3%硫酸亚铁，每隔7~10天喷1次，连续喷2~3次。

# 第五章
# 獼猴桃虫害的防治

## 一、小绿叶蝉

小绿叶蝉属同翅目叶蝉科，别名小浮尘子。全国大部分地区均有分布，除为害獼猴桃外，还为害桃、李、杏、葡萄等果树及禾本科、豆科植物。成虫、若虫吸食芽、叶和枝梢的汁液，被害叶片初期叶面出现黄白色斑点，逐渐扩大成片，严重时全树叶片苍白、早落（图5-1）。

### （一）形态特征

成虫体长3.3~3.7mm，淡黄绿色至绿色（图5-2）。复眼灰褐色至深褐色，无单眼。触角刚毛状，末端黑色。前胸背板、小盾片浅鲜绿色，常具白色斑点。前翅半透明，略呈革质，淡黄白色，周缘具淡绿色细边。后翅透明，膜质。各胫节端部以下淡青绿色，爪褐色。跗节3节，后足跳跃式。腹部背板色较腹板深，末端淡青绿色。头背面略短，向前突，喙微褐，基部绿色。

图5-1　被害叶片

图5-2　小绿叶蝉成虫

## （二）发生规律

每年发生4～6代。以成虫在落叶、树皮缝、杂草或低矮绿色植物中越冬，背风向阳的地方为其集中越冬场所。翌年春季猕猴桃、李、杏、桃发芽后出蛰，飞到树上刺吸汁液。经取食后交尾产卵，卵多产在新梢或叶片主脉里。卵期5～20天，若虫期10～20天，非越冬成虫寿命30天，完成1个世代共40～50天。因发生期不整齐而致世代重叠。6月虫口数量增加，8—9月达为害盛期，秋后以末代成虫越冬。成虫、若虫喜白天活动，在叶背刺吸汁液或栖息。成虫善跳跃，飞翔力不强，无趋光性，怕阳光直射，夏天中午活动减弱，多栖息在叶背，可借助风力扩散。

## （三）防治方法

### 1.农业防治

成虫出蛰前及时刮除翘皮，清除落叶及杂草，减少越冬虫源。

### 2.药剂防治

掌握在越冬代成虫迁入果园后，各代若虫卿化盛期及时喷洒

25%噻嗪酮可湿性粉剂1 000～1 500倍液或22%噻虫·高氯氟悬浮剂3 000倍液或26%氯氟·啶虫脒水分散粒剂3 000～4 000倍液等。

## 二、斑衣蜡蝉

斑衣蜡蝉属同翅目蜡蝉科。寄主有猕猴桃、葡萄、桃、李等，在全国分布范围广。以成虫和若虫吸食猕猴桃枝、叶汁液为害。被害叶片开始在叶面上出现针眼大小的黄色斑点，不久变成黑褐色、多角形坏死斑，后穿孔，多个孔连在一起成破裂叶片，有时被害叶向背面卷曲。该虫的排泄物似蜜露，招致蜂、蝇和真菌寄生。真菌寄生后枝条变为黑褐色，树皮枯裂，严重时造成树体死亡。

### （一）形态特征

成虫：成虫（图5-3）体长15～22mm，翅展40～56mm，雄虫略小，虫体灰黑色，上面附有较厚的白色蜡粉层。前翅革质，基部2/3呈淡灰黄色，表面有黑色斑点20多个，端部1/3淡黑色，脉纹网状灰黄色；后翅膜质，基半部红色，上面散生黑点，中部白色，翅端黑蓝色。

若虫：若虫头部呈突角状，1～3龄体黑色，上面有许多白色斑点，末龄体呈红色（图5-4），体表有黑色和白色斑点，翅芽大而明露。后足发达。

### （二）发生规律

每年发生1代，以卵块在树体阳面或枝蔓分杈处越冬。翌年5月中、下旬孵化为若虫，6月中旬至7月下旬羽化为成虫。若虫和成虫都有群集习性，跳跃能力很强，受惊后成虫借弹跳力而飞逃转移。若虫还有假死习性。

图5-3　斑衣蜡蝉成虫　　　　　图5-4　斑衣蜡蝉若虫

## （三）防治方法

### 1. 农业防治

冬季结合清园刮除老蔓上的越冬卵块，以减少翌年虫口密度。利用若虫的假死习性，进行人工捕捉。

### 2. 药剂防治

5月份若虫孵后进行药剂防治，最好在1龄若虫聚集于嫩梢上尚未分散时进行集中喷药防治，药剂可选用1.8%阿维菌素乳油2 000～4 000倍液、或用5%氯虫苯甲酰胺悬浮剂1 500～2 000倍液、或用22%氟啶虫胺腈悬浮剂5 000～6 000倍等。

### 3. 科学建园

猕猴桃园内及周围不栽种臭椿、苦楝等，建园时减量远离这类杂木林，以减少虫源。

## 三、黑尾大叶蝉

黑尾大叶蝉属同翅目大叶蝉科，别名黑尾浮尘子。在国内分布广泛。以成虫、若虫刺吸寄主嫩叶为害。主要寄主有猕猴桃、柑橘、梨、桃、葡萄和枇杷等。

（一）形态特征

成虫体长13mm左右，橙黄色（图5-5）。头部、前胸背板及小盾片深黄色。在头冠部中央近后缘处，有一明显的圆形黑斑，顶端另有黑斑1枚。前翅为橙黄色而稍带褐色，在翅基部有一黑斑，翅端部全为黑色；后翅黑色。胸、腹部与腹部背面均黑色，在胸部腹板侧缘及腹部环节边缘具淡黄白色边。

图5-5　黑尾大叶蝉成虫

（二）发生规律

每年发生1代。以成虫潜伏于杂草丛、小灌木及小竹林中越冬，翌年4月下旬至5月上旬出现，5月中下旬产卵，6月上中旬孵化。8月上中旬羽化。越冬后的成虫，早春喜寄生于嫩叶及嫩芽上。

## （三）防治方法

### 1. 农业防治

做好冬季清园，成虫出蛰前及时刮除翘皮，清除落叶及杂草，减少越冬虫源。

### 2. 药剂防治

若虫卿化盛期及时喷洒25%噻嗪酮可湿性粉剂1 000 ~ 1 500倍液或22%噻虫·高氯氟悬浮剂3 000倍液或26%氯氟·啶虫脒水分散粒剂3 000 ~ 4 000倍液等。

## 四、斑带丽沫蝉

斑带丽沫蝉属同翅目沫蝉科，别名小斑红沫蝉、桃沫蝉、桑赤斑沫蝉。主要寄主有猕猴桃、桑、桃、茶、油茶等，以成虫、若虫为害嫩枝，吸取汁液（图5-6）。

### （一）形态特征

成虫体长13 ~ 15mm，体大型，美丽（图5-7）。头部、前胸背板和前翅橘红色，黑色斑带明显。头颜面极鼓起，两侧有横沟，冠短。复眼黑色，单眼黄色、小。前胸背板长宽相等，前、后侧缘及后缘有缘脊，近前缘有2个小黑斑，近后缘有2个近长方形的大黑斑。前翅橘红色，基部到网黑区之间有6 ~ 8个黑斑，形成宽带，故名斑带丽沫蝉。

### （二）发生规律

每年发生1代。以卵在枝条上或枝条内越冬，翌年4月开始孵化，5月中下旬为孵化盛期，若虫经多次蜕皮于6月中下旬羽化为成虫。成虫羽化需较长时间，吸食嫩梢基部汁液以补充营养。7—8月成虫开始交尾产卵，卵产在枝条新梢内。成虫受惊时，即行弹跳或做短距离飞行。

图5-6　成虫为害枝梢

图5-7　成虫

## （三）防治方法

### 1.农业防治

秋、冬季剪除有卵的枯枝并销毁，减少越冬虫源。

### 2.药剂防治

若虫群集为害期，用40%氯虫·噻虫嗪水分散粒剂4 000～5 000倍液，或用22%噻虫·高氯氟悬浮剂3 000倍液，或用25%噻嗪酮可湿性粉剂1 000～1 500倍液喷雾防治。

## 五、苹小卷叶蛾

苹小卷叶蛾又名苹卷蛾、黄小卷叶蛾、溜皮虫，属鳞翅目卷叶蛾科。以幼虫为害新芽、嫩叶、花蕾，坐果后在两果靠近处啃食果皮（图5-8），形成疤痕果、虫果，影响猕猴桃的产量和品质。

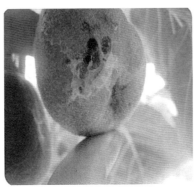

图5-8 幼虫为害状

（一）形态特征

成虫：体长6~8mm，体黄褐色（图5-9）。前翅的前缘向后缘和外缘角有2条浓褐色斜纹，其中，1条自前缘向后缘达到翅中央部分时明显加宽。前翅后缘肩角处及前缘近顶角处各有一小的褐色纹。

幼虫：身体细长，头较小呈淡黄色。初孵幼虫黄绿色，老熟幼虫翠绿色体长13~18mm。

图5-9 成虫

（二）发生规律

每年发生2~3代，以幼虫在枝干皮缝、剪锯口等处越冬。春季猕猴桃萌芽时出蛰，为害新芽、嫩叶、花蕾，坐果后在2果靠近处啃食果皮。成虫昼伏夜出，有趋光性，对糖醋的趋性很强，可以诱杀。幼虫吐丝缀连叶片，潜居缀叶中食害，新叶受害严重。

当果实稍大时，常将叶片缀连在果实上，啃食果皮及果肉。幼虫有转果为害习性，一头幼虫可转果为害果实5~8个。

### （三）防治方法

#### 1. 农业防治

幼虫出蛰前抹杀树上枯叶下幼虫；刮除大枝干老翘皮，集中销毁；果实套袋，阻隔幼虫为害；生长季剪虫梢，捏虫苞消灭幼虫。

#### 2. 物理防治

成虫发生期利用性诱剂、糖醋液、杀虫灯诱杀成虫。

#### 3. 生物防治

释放赤眼蜂，每亩10万~12万头。

#### 4. 化学防治

越冬幼虫出蛰期、成虫高峰期，用25%乙基多杀菌素水分散粒剂3 000倍液，或用20%灭幼脲悬浮剂1 200~1 500倍液，或用15%茚虫威悬浮剂3 000倍液喷雾防治。

## 六、枯叶夜蛾

枯叶夜蛾别名通草木夜蛾。成虫以锐利的虹吸式口器穿刺果皮，果面留有针尖大的小孔，果肉失水呈海绵状，以手指按压有松软感觉，被害部变色并凹陷，随后腐烂脱落。常招致胡蜂等为害，将果实食成空壳。

### （一）形态特征

成虫体长35~38mm，翅展宽96~106mm（图5-10）。头胸

部棕色，腹部杏黄色，触角丝状。前翅枯叶色，深棕微绿。翅脉上有许多黑褐色小点，翅基部和中央有暗绿色圆纹。后翅杏黄色，中部有1个肾形黑斑。

图5-10　枯叶夜蛾成虫

（二）发生规律

每年发生2~3代，多以成虫越冬，温暖地区可以卵和中龄幼虫越冬。发生期不整齐，从5月末到10月均可见成虫，以7—8月发生较多。成虫昼伏夜出、有趋光性。喜为害香甜味浓的果实，7月以前为害杏等早熟果品，后转害猕猴桃、桃、葡萄、梨等。成虫寿命较长，产卵于寄主枝蔓和叶背。幼虫吐丝、缀叶潜其中为害，6—7月发生较多，老熟后缀叶结薄茧化蛹。秋末多以成虫越冬。

（三）防治方法

1. 农业防治

山区、近山区新建果园，宜栽晚熟品种，避免零星种植和果树混栽。

### 2. 物理防治

果实套袋；采用黑光灯诱杀成虫，或用糖醋液、烂果汁诱杀成虫。

### 3. 天敌防治

在幼虫寄主上，成虫产卵期可释放赤眼蜂防治。

### 4. 药剂防治

幼虫孵化期和成虫发生期喷药防治，药剂可使用25%灭幼脲悬浮剂1 500～2 000倍液，或用5%甲氨基阿维菌素苯甲酸盐水分散粒剂3 000倍液，或用5%氯虫苯甲酰胺悬浮剂1 500～2 000倍液等。

## 七、鸟嘴壶夜蛾

鸟嘴壶夜蛾属鳞翅目夜蛾科。鸟嘴壶夜蛾是为害猕猴桃的其中一种吸果夜蛾。寄主除猕猴桃外，还有苹果、桃、李、葡萄等果树。以成虫为害成熟或近成熟的果实，吸食汁液。被害果先出现针头大小的孔洞，果肉失水，呈海绵状，用手指按压有松软感，以后变色凹陷，易脱落，也有的果实在为害部形成一个硬块。受害轻者，果实变形、变质、不耐贮藏。重者腐烂脱落，味苦，不能食用。幼虫不为害藤蔓。

### （一）形态特征

成虫：体长23～26mm，翅展宽49～51mm，下唇须下伸，似鸟嘴状（图5-11）。头部、前胸和足红橙色，中后胸褐色，腹部灰黄色。前翅紫褐色，后翅淡褐色。前翅翅尖向外缘凸出，外缘中部向外凸出和后缘中部的弧形内凹均较嘴壶夜蛾更为显著。

幼虫：老熟幼虫体长38mm左右（图5-12），头部两侧各有4个黄斑，各节背面在白色斑纹处杂有大黄斑1个，腹足4对。

图5-11　鸟嘴壶夜蛾成虫　　　　图5-12　鸟嘴壶夜蛾幼虫

（二）发生规律

浙江省1年4代，以幼虫和成虫越冬。各代发生期为：6月上旬至7月中旬；7月上旬至9月下旬；8月中旬至12月上旬；9月下旬至翌年6月上旬。北方1年2～3代，各代成虫大体发生期为：6月下旬；8月下旬；10月下旬。7月以前成虫吸食杏、枇杷和野果汁液，随着猕猴桃、梨、苹果、柑橘等果实的成熟而前来为害，幼虫共6龄，老熟后吐丝卷叶结茧化蛹。成虫昼伏夜出，有趋光性，产卵于叶背。

（三）防治方法

1. 果实套袋

在6月上旬前用专用纸袋套袋。

2. 诱杀

黑光灯诱杀成虫或用糖醋液、烂果汁诱杀成虫，配方为糖

5%～8%和醋1%的水溶液，加0.2%氟化钠或其他农药，或用烂果汁加少许酒、醋代用。

### 3. 药剂防治

幼虫为害期使用20%甲氰菊酯乳油2 000～3 000倍液，或用25%乙基多杀菌素水分散粒剂3 000倍液、或用25%灭幼脲悬浮剂1 500～2 000倍液等喷雾。

## 八、斜纹夜蛾

斜纹夜蛾属鳞翅目夜蛾科，又名莲纹夜蛾，俗称夜盗虫、乌头虫等。以幼虫咬食叶片、花及果实为害。

### （一）形态特征

成虫：体长14～20mm，翅展35～46mm，体暗褐色，前翅灰褐色，花纹多，翅中间有明显的白色斜带纹。

幼虫：初孵幼虫体长15～22mm，淡黄绿色或淡灰绿色（图5-13）。老熟幼虫体长33～50mm，黑褐或暗褐色（图5-14）。胸部有时颜色多变，背面各节有近似三角形的半月黑斑1对。

图5-13 初孵幼虫　　　　　　图5-14 老熟幼虫

## （二）发生规律

每年发生4~8代，初孵幼虫具有群集为害的习性，3龄以后则开始分散，老龄幼虫有昼伏性和假死性。以幼虫咬食叶片、花蕾、花及果实。初龄幼虫啃食叶片下表皮及叶肉，仅留上表皮，呈透明斑；4龄以后进入暴食期，咬食叶片，仅留主脉。成虫具有趋光性和趋化性。以蛹在土中蛹室内越冬，少数以老熟幼虫在土缝、枯叶、杂草中越冬。

## （三）防治方法

### 1. 农业防治

清除杂草，破坏化蛹场所，减少虫源；摘除卵块和群集为害的初孵幼虫。

### 2. 物理防治

成虫发生期，用黑光灯、糖醋毒液诱杀成虫。

### 3. 化学防治

幼虫发生期，喷施25%灭幼脲悬浮剂1 500~2 000倍液，或用16%甲维·茚虫威悬浮剂3 000倍液，或用5%甲氨基阿维菌素苯甲酸盐水分散粒剂3 000倍液2~3次，每隔7~10天喷施1次，喷匀喷足。

# 九、透翅蛾

透翅蛾属鳞翅目透翅蛾科。以幼虫蛀食猕猴桃当年生嫩梢、侧枝和主干，将髓部蛀食中空，粪便排出，挂在隧道孔外。植株受害后，引起枯梢或断枝，导致树势衰退，产量降低，品质变劣。

## （一）形态特征

成虫：体长21～25mm，翅展宽42～45mm，体黑褐色（图5-15）。前翅大部分黄褐色，不透明。后翅透明，略显浅黄烟色。腹部黑色，具光泽。

图5-15　猕猴桃透翅蛾成虫

图5-16　猕猴桃透翅蛾幼虫

幼虫：老熟幼虫体长28～32mm，乳黄色（图5-16）。头部黑褐色，前胸黑褐色。胸背中部有1根长刚毛，两侧前缘各具1个三角形斑，其下有1个圆斑。

## （二）发生规律

每年发生1代。以高龄幼虫和老熟幼虫在寄主枝蔓内越冬。3月底4月初老熟幼虫开始化蛹，5月上旬成虫始见，5月中下旬至6月上旬为产卵期，6月中下旬为幼虫孵化盛期。卵散产在夏梢嫩枝、叶腋或叶柄处，幼虫孵化后就地蛀入，向下潜食，将髓部蛀空。中、大龄幼虫不适应嫩枝多汁环境，转移到老枝干上蛀害，将粪便和木屑排挂在孔口外。幼虫一般转害1～2次，11月下旬开始越冬。冬后，幼虫在隧道近端部将道壁咬1个羽化孔，然后吐丝封闭，做室化蛹其中，成虫羽化后破丝脱孔而出。

（三）防治方法

### 1. 农业防治

夏季发现嫩梢被害，及时剪除，杀灭低龄幼虫，减少其后期迁移对老枝干的为害。

### 2. 人工捕杀

根据猕猴桃透翅蛾幼虫在枝干外堆积粪便等特征，寻找蛀入孔，用细铁丝钩杀。

### 3. 药剂防治

幼虫孵化期，用20%甲氰菊酯乳油2 000～3 000倍液，或用2.5%高效氯氟氰菊酯微乳剂2 000～3 000倍液，或用25%乙基多杀菌素水分散粒剂3 000倍液等防治。

## 十、车天蛾

车天蛾又名葡萄天蛾，属鳞翅目天蛾科。以幼虫取食叶片，食量大，常将叶片食成缺刻，甚至将叶片吃光，仅留叶柄。1头幼虫可取食数片叶子，多零星发生。

（一）形态特征

成虫：体长45mm，翅展85～100mm（图5-17）。体、翅茶褐色。体背前胸到腹部有1条白色直线。翅外缘毛稍红。

幼虫：初孵幼虫头部有角状突起，头胸收缩稍抬起。胸部背线绿色，两侧有呈"八"字形黄色斜纹。幼虫在夏季是绿色型（图5-18），秋季是黄褐色型。

图5-17　车天蛾成虫

图5-18　天蛾幼虫

## （二）发生规律

每年发生1～2代。以蛹在落叶下或表土内越冬。翌年5月底或6月上旬羽化为成虫，6月中下旬为盛期，7月上旬为末期。成虫白天潜伏，夜间活动，有趋光性。幼虫白天静止，夜晚取食叶片，受触动时从口器中吐出绿水。幼虫期40～50天，7月下旬陆续老熟入土化蛹，8月上旬开始羽化。8月中旬见第二代幼虫，9月下旬幼虫老熟入土化蛹越冬。

## （三）防治方法

### 1. 挖除越冬蛹

结合果园冬季翻土，挖除越冬蛹。

### 2. 诱杀成虫

在成虫发生期用黑光灯诱杀。

### 3. 药剂防治

幼虫发生期结合防治其他害虫，喷洒15%茚虫威悬浮剂3 000

倍液，或用20%甲氰菊酯乳油2 000～3 000倍液，或用2.5%高效氯氟氰菊酯微乳剂2 000～3 000倍液等。

### 4.生物防治

在成虫产卵期释放赤眼蜂，蜂羽化后寻找害虫卵寄生。此方法可用来防治多种鳞翅目害虫。

## 十一、肖毛翅夜蛾

肖毛翅夜蛾别名毛翅夜蛾，属鳞翅目夜蛾科。幼虫为害猕猴桃叶片，成虫为害成熟果实。

### （一）形态特征

成虫体长30～33mm，翅展宽81～85mm（图5-19）。头部赭褐色，腹部红色，背面大部暗灰棕色。前翅赭褐色或灰褐色，布满黑点。后翅黑色，端区因作物不同而颜色各异，有红色、黄褐色。

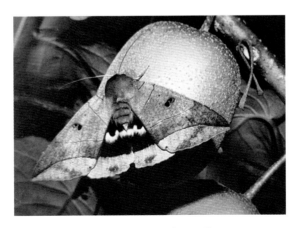

**图5-19　成虫为害果实状**

（二）发生规律

每年发生2代，以蛹卷叶越冬。幼龄幼虫多栖与植物上部，性敏感，一触及吐丝下垂。老龄幼虫多栖与枝干食叶，成虫趋光性强，吸取果实汁液。幼虫老熟后在土表枯叶中结茧化蛹。6月和8月分别是各代幼虫期。

（三）防治方法

防治方法，参见"枯叶夜蛾"。

# 十二、麻皮蝽

麻皮蝽属半翅目蝽科，别名黄斑蝽，麻皮蝽象、臭屁虫等，以成虫、若虫刺吸猕猴桃嫩梢、嫩叶和果实汁液为害。叶片和嫩梢被害后出现黄褐色斑点，叶脉变黑，叶肉组织颜色变暗，重者导致叶片提早脱落、嫩梢枯死。果实受害，果面呈现坚硬青疔。

（一）形态特征

成虫，体长18~23mm，宽8~11mm，体稍宽大（图5-20）。背部棕黑褐色，前翅背板、小盾片、前翅革质部布有不规则细碎黄色凸起斑纹，前翅膜质部黑褐色。

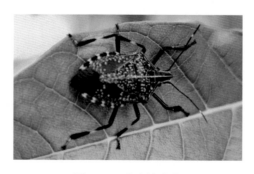

图5-20　麻皮蝽成虫

## （二）发生规律

每年发生2代。以成虫于草丛、树皮裂缝、枯枝落叶下及墙缝、屋檐下越冬。翌春果树发芽后开始活动，5月上旬至6月下旬交尾产卵。第1代若虫于5月下旬至7月上旬孵出，6月下旬至8月中旬羽化为成虫。第2代卵期在7月上旬至8月下旬，7月下旬至9月上旬孵化为若虫，8月至10月下旬羽化为成虫，10月开始陆续越冬。卵多产于叶背，卵期约10多天。成虫飞行力强，喜在树体上部活动，有假死性，受惊扰时分泌臭液。天敌有瓢虫等。

## （三）防治方法

### 1. 农业防治

秋冬清除杂草，集中销毁或深埋。

### 2. 人工捕杀

成虫、若虫为害期，清晨振落捕杀，该方法在成虫产卵前进行较好。

### 3. 药剂防治

在成虫产卵期和若虫期，用26%氯氟·啶虫脒水分散粒剂3 000~4 000倍液，或用1.8%阿维菌素乳油2 000~4 000倍液，或用22%氟啶虫胺腈悬浮剂5 000~6 000倍液等喷雾防治。

## 十三、东方果蛀蛾

东方果蛀蛾属鳞翅目卷蛾科，又名梨小食心虫、猕猴桃蛀果虫等。以幼虫为害猕猴桃果实，蛀入部位多在果腰部，蛀孔处凹陷，孔口黑褐色。侵入初期有果胶质流挂在孔外，干落后有虫粪排出。蛀道一般不达果心，在近果柱处折转，被害果不到成熟期就提早脱落。

（一）形态特征

成虫：体长4.5～6.0mm，翅展10～15mm（图5-21），雌雄极少差异。全体灰褐色，无光泽。

幼虫：体长10～13mm，淡黄白色或粉红色，头部黄褐色（图5-22）。

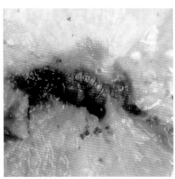

图5-21　成虫　　　　　　　图5-22　幼虫蛀食果肉

（二）发生规律

在我国北方1年发生3～4代，南方1年发生5～7代，各代寄主及幼虫蛀害部位有较大差别。一般越冬代成虫4月上中旬开始羽化，产卵于桃梢尖叶背上。第一代幼虫孵化后，从近梢之叶腋处蛀入，向下潜食，在蛀孔外排出粪便。6月成虫羽化后，部分迁入猕猴桃园，将卵散产在果蒂附近；第二代幼虫孵化后，向下爬至果腰处咬食果皮，蛀入果肉层中取食，老熟后爬出孔外，在果柄基部、藤蔓翘皮处及枯卷叶间作茧化蛹；7月下旬至8月初，第三代幼虫为害猕猴桃果实；第四代为害其他寄主，以第五代老熟幼虫越冬。

### （三）防治方法

#### 1. 避免混栽

建园时避免与桃、梨等果树混栽，防止食心虫交错为害。

#### 2. 药剂防治

重点防治第2代幼虫为害，可在其孵化期喷施40%辛硫磷乳油1 500倍液，或用20%甲氰菊酯乳油2 000～3 000倍液，或用5.6%阿维·联苯菊酯水乳剂2 000～3 000倍液等，间隔10天喷施1次，共2次。

## 十四、白星花金龟

白星花金龟属鞘翅目花金龟科，别名白星花潜，俗称瞎撞子。成虫为害嫩叶、嫩芽、嫩梢及成熟的果实。幼虫（称为蛴螬）为害地下根部及幼苗。

### （一）形态特征

成虫：体长20～25mm，全体暗紫铜色（图5-23），前胸背板和鞘翅有不规则的白斑10多个。

幼虫：体长25～33mm（图5-24）。头部褐色，体乳白色，柔软肥胖而多皱纹，弯曲呈"C"形。腹末节膨大，肛腹片上的刺毛呈倒"U"字形二纵行排列。

图5-23　白星花金龟成虫

图5-24　白星花金龟幼虫

（二）发生规律

1年发生1代。以3龄幼虫在土内越冬，翌年春季幼虫化蛹前为害农作物及杂草的根。5月上旬老熟幼虫化蛹，中旬羽化出成虫。成虫昼伏夜出，日落后开始出土，整夜取食，黎明时飞离树冠潜伏。成虫具有假死性，有强烈的趋光性和群集为害习性。出土后10天左右开始产卵，卵产在5～6cm深的表土中。一般1头雌成虫产卵20～40粒，多散产，卵期约10天。幼虫主要取食植物的根部，10月后钻入深土中越冬。

（三）防治方法

1. 人工捕捉

在成虫大量出土活动期，利用其假死性，于夜晚捕捉。

2. 灯火诱杀

利用成虫的趋光性，于成虫盛发期，在果园内设诱虫灯，或在园外空地隔一定距离设一火堆诱杀。

### 3. 中耕除虫

适时进行园地耕作，破坏幼虫（蛹）的适生环境和直接杀死部分虫蛹，降低虫口数量，减轻为害。

### 4. 药剂防治

在成虫盛发前，选用40%氯虫·噻虫嗪水分散粒剂4 000～5 000倍液，或用26%氯氟·啶虫脒水分散粒剂3 000～4 000倍液，或用5%氯虫苯甲酰胺悬浮剂1 500～2 000倍液等喷雾防治。

## 十五、棉弧丽金龟

棉弧丽金龟属鞘翅目丽金龟科，别名无斑弧丽金龟、棉蓝丽金龟等。成虫群集为害花、嫩芽，造成受害花畸形或死亡，叶片成缺刻或孔洞，严重的仅残留叶脉基部。幼虫为害猕猴桃须根、营养根的皮层或逐渐深入髓部，形成不规则的伤口，严重的把根基部咬断或取食一空。

### （一）形态特征

成虫：体长10～14mm，宽6～8mm。体色深蓝略带紫，有蓝绿色闪光。前胸背板基部略拱起，光滑。鞘翅平坦而短，基部最宽，后缘明显收缩。翅面有6条纵列刻点。中胸腹突长，侧扁，端圆。足粗壮，中、后足胫节呈纺锤形（图5-25）。

图5-25　棉弧丽金龟

（二）发生规律

1年发生1代。以末龄幼虫越冬，由南至北成虫依次于5—9月出现，8月中下旬成虫较多。成虫有雨后出土习性，飞翔能力强，一处为害后，便飞往别处为害。成虫有假死性和趋光性。通常卵成堆产在受害植株根部附件的土壤中。老熟幼虫在地下筑土室化蛹，在土室内越冬。

（三）防治方法

防治方法，参见"白星花金龟"。

## 十六、黄褐丽金龟

黄褐丽金龟属鞘翅目金龟子科，在国内各产区分布广泛。除为害猕猴桃外，还为害葡萄、棉花、玉米、高粱等。成虫咬食叶片成缺刻或孔洞，严重的仅残留叶脉基部。幼虫为害根系，咬断处断口整齐。

（一）形态特征

成虫：体长15~18mm，长椭圆形。体背黄褐色，具光泽（图5-26）。前胸背板比鞘翅色深，光泽更亮。鞘翅具不明显的3条纵肋。前、中足附节末具大、小爪，且大爪分叉。3对足的基、转、腿节为淡黄色，胫、跗为棕黄褐色。

图5-26 黄褐丽金龟成虫

## （二）发生规律

1年发生1代，以幼虫越冬。成虫6月上旬出现，7月下旬至8月上旬为成虫盛发期。成虫昼伏夜出，傍晚活动最盛，在阴雨天可全天取食为害，趋光性强，出土后不久即交尾产卵。幼虫主要在春、秋两季为害根系。

## （三）防治方法

防治方法，参见"白星花金龟"。

# 十七、甘薯肖叶甲

甘薯肖叶甲为鞘翅目肖叶甲科甘薯肖叶甲属的1种甲虫。全国南北都有分布，但长江以北居多。主要为害猕猴桃、甘薯、棉花、小旋花等。以幼虫为害猕猴桃根部和成虫为害叶片为主。

## （一）形态特征

成虫：体长5~6mm，宽3~4mm，体短宽，体色变化大，有青铜色、蓝色、绿色、紫铜色等（图5-27）。不同地区色泽有异，同一地区也有不同颜色。肩胛后方具1闪蓝光三角斑。小盾片近方形，鞘翅隆凸，肩胛高隆，光亮，翅面刻点混乱较粗密。

图5-27　甘薯肖叶甲成虫取食叶片

## （二）发生规律

一般1年生1代，以幼虫在土中越冬。在浙江省幼虫在翌年5月下旬始蛹，6月中旬进入盛期，6月下旬成虫盛发，大量为害。7月上中旬交尾产卵，成虫羽化后先在土室里生活几天后出土为害，尤以雨后2~3天出土最多，10：00和16：00—18：00为害最烈，中午隐蔽在土缝或枝叶下。成虫飞翔力差，有假死性。

## （三）防治方法

### 1. 农业防治

中耕、深翻土壤，营造不利于幼虫生活的环境并消灭部分蛹。

### 2. 药剂防治

在越冬幼虫出蛰盛期和卵孵化盛期喷药防治，选用26%氯氟·啶虫脒水分散粒剂3 000~4 000倍液，或用40%辛硫磷乳油1 500倍，或用40%氯虫·噻虫嗪水分散粒剂4 500倍液等。

## 十八、黑额光叶甲

黑额光叶甲属鞘翅目肖叶甲科，分布广泛，除为害猕猴桃外，还为害枣、玉米等作物。成虫为害叶片，常把叶片咬成1个个孔洞或缺刻，一般是在叶面先啃去部分叶肉，然后再把余部吃掉，虫口数量多时叶上常留下数个大孔洞。

## （一）形态特征

成虫：体长6.5~7mm，宽3mm，体长方形至长卵形（图5-28）；头漆黑，前胸红褐色或黄褐色，光亮，有的生黑斑；小盾片、鞘翅黄褐色至红褐色，鞘翅上具黑色宽横带2条；触角细短，暗褐色。小盾片三角形。鞘翅刻点稀疏呈不规则排列。

（二）发生规律

该虫仅以成虫迁入猕猴桃园为害叶片，但不在园中产卵繁殖，成虫有假死性。多在早晚或阴天取食。

图5-28　黑额光叶甲成虫

（三）防治方法

1. 农业防治

虫量不大时，可在防治其他害虫时兼治。

2. 药剂防治

虫量大时，在害虫初发期用5%氯虫苯甲酰胺悬浮剂1 500～2 000倍液，或用40%辛硫磷乳油1 000～2 000倍液，或用26%氯氟·啶虫脒水分散粒剂3 000～4 000倍液喷雾防治。

## 十九、桑白蚧

桑白蚧属同翅目盾蚧科，别名盾蚧。以若虫和雌成虫群集在枝干上刺吸汁液为害（图5-29）。被害枝条被虫体覆盖呈灰白色，生长不良，树势衰弱，严重者死亡。虫口密度大时，还为害果实（图5-30），被害果商品价值降低。

### （一）形态特征

成虫雌雄异型。雌虫无翅，体长0.9～1.2mm，淡黄色至橙黄色。介壳近圆形，直径2～2.5mm，灰白色至黄褐色，背面有螺旋形纹，中间略隆起。雄虫有翅，体长0.6～0.7mm，翅展约1.8mm。只有1对前翅，后翅退化成平衡棒。身体橙黄色到橘红色，触角念珠状，节生环毛。雄虫介壳细长，长1.2～1.5mm，白色，背面有3条纵脊。

图5-29　桑白蚧为害枝干

图5-30　桑白蚧为害果实

### （二）发生规律

各地的发生代数不同，在华北地区1年发生2代，在浙江省1年发生3代。均以受精雌成虫在2年生以上的枝条上群集越冬，翌春果树萌芽时开始吸食汁液，虫体随之膨大。在浙江省第一代若虫发生期为5—6月上旬，第二代若虫发生期为6月下旬至7月上旬，第三代若虫发生期为8月下旬至9月中旬。初孵若虫分散爬行到2~5年生枝条上取食，7~10天便固定在枝条上，分泌棉毛状蜡丝，逐渐形成介壳。6月下旬开始羽化为第1代成虫，盛期在7月上中旬。成虫继续产卵于介壳下，卵期10天左右。第二代若虫发生在8月，若虫期30~40天，9月羽化，出现雄成虫，雌雄交尾后雄虫死亡，雌虫继续为害至9月下旬。此后，停止取食，开始越冬。

## （三）防治方法

### 1. 农业防治

在果树休眠期，可用硬毛刷或钢丝刷，刷掉主干、枝条上的越冬雌虫，再用3~5波美度石硫合剂涂刷伤口。

### 2. 生物防治

桑白蚧的天敌主要是红点唇瓢虫，对抑制其发生有一定的作用。在桑白蚧若虫固定后，尽量不喷化学药剂，以减少对天敌的伤害。

### 3. 药剂防治

5月中下旬、7月上旬和9月上旬若虫孵化盛期用25%噻嗪酮可湿性粉剂1 000~1 500倍液，或用22%氟啶虫胺腈悬浮剂5 000~6 000倍液，或用22.4%螺虫乙酯悬浮剂4 000~5 000倍液等喷雾防治。

# 第六章
# 猕猴桃病虫害综合防治

## 一、病虫害防治原则

猕猴桃病虫害防治要坚持"预防为主，综合防治"的原则，在做好植物检疫的前提下，以农业保健栽培为基础，优先采用农业防治措施，积极运用物理和生物防治措施，科学合理使用化学防治措施。

## 二、植物检疫

植物检疫是国家保护农业生产，防止有害生物传播蔓延的一项重要措施。在生产中，要做到不从检疫性病虫发生区（疫区）购买和调运苗木、接穗和果品；从外地调入苗木或接穗时，必须要有检疫合格证明。

## 三、农业防治

农业防治是通过采用一系列栽培措施，创造有利于果树生长而不利于病原物生存繁殖的条件，从而抑制或减少、减轻病虫害发生的一项最基本的防治方法。农业防治的主要措施如下。

（1）选择抗病虫害的优良品种。

（2）选择健壮、无病毒的苗木。

（3）做好冬季清园，冬剪后清除病虫枝和落叶，剥除老翘树皮，减少病虫源，降低病虫基数。

（4）合理密植、间作和套种，有相同病虫害的果树不混栽。

（5）加强肥水管理，平衡施肥，补充微量元素肥料，培养健壮树势；做好清沟排水，防止果园积水。

（6）科学整形修剪，加强生长季节的管理，做好除萌、摘心、疏枝和绑蔓等工作，避免枝梢郁闭，改善果园通风透光条件。

（7）疏果控产，确定合理负载量，避免树势早衰。

（8）减少伤口，如有机械伤或修剪大伤口，必须涂药保护等。

## 四、物理防治

物理防治是利用各种物理因子、人工和器械控制病虫害的1种防治方法。物理防治措施主要如下。

（1）果实套袋、架设防虫网、防鸟网等。

（2）树干涂白。冬季有保温防冻作用，夏季有防日灼的作用，同时，树干涂白还有消杀病原菌、杀灭害虫的作用。

（3）人工捕杀。根据害虫发生特点和生活习性，使用器械直接捕杀害虫或破坏害虫栖息场所等。如利用金龟子的假死性，通过震动捕杀从树上掉落的金龟子。

（4）运用杀虫灯、粘虫板、糖醋液诱杀等。

## 五、生物防治

生物防治是利用有益生物及其产物来控制病原、生物的生存和活动，减轻病虫害的发生的方法。生物防治措施主要如下。

（1）利用天敌，以虫治虫。保护利用瓢虫、草蛉、捕食螨、食蚜蝇、赤眼蜂等天敌，捕杀害虫。

（2）利用微生物菌防治。如土壤施用白僵菌防治小食心虫等。

（3）性激素诱杀。利用昆虫性外激素诱杀或干扰成虫交配。

## 六、化学防治

化学防治是利用化学药剂来防治病虫害的方法，具有作用迅速、效果显著、方法简便的特点。但化学药剂如果使用不当，容易造成环境污染、杀伤有益生物、造成农药残留、发生药害等；长期单一使用某种化学药剂，还会导致目标害虫产生抗药性，增加防治难度。运用化学防治措施必须注意以下事项。

（1）选用国家已经登记和标有三证号码的农药品种，遵守《农药安全使用标准》和《农药合理使用准则》。

（2）根据防治对象，选择安全、高效、低毒、低残留农药；禁止使用高毒高残留农药，严格遵守农药安全间隔期。

（3）轮换和交替使用作用机理不同的药剂，避免病虫产生耐药性、抗药性。

（4）合理混配农药，尽量选用广谱性农药，做到一药防多病，以减少用药次数；要防止盲目混用，盲目混用不但增加用药成本，并且容易造成药害。

（5）抓住关键时期用药，病害以防为主，必须在未发病或发病初期用药；虫害以治为主，应在达到一定的虫口密度后用药。

（6）注意大棚避雨栽培与露地栽培在病虫害发生情况与用药

方面的差异，灵活用药。

（7）在允许的情况下尽量多选用硫制剂、铜制剂等矿物源农药。矿物源农药保护性好，不易产生抗药性。

# 参考文献

鲍金平. 2016. 猕猴桃翠香在遂昌的试种表现[J]. 浙江农业科学.

黄宏文. 2001. 猕猴桃高效栽培[M]. 北京：金盾出版社.

刘兰泉. 2016. 彩图版猕猴桃栽培及病虫害防治[M]. 北京：中国农业出版社.

吕佩珂，高振江，苏慧兰. 2018. 猕猴桃枸杞樱桃病虫害诊断与防治原色图鉴（第二版）[M]. 北京：化学工业出版社.

齐秀娟. 2015. 猕猴桃高效栽培与病虫害识别图谱[M]. 北京：中国农业科学技术出版社.

吴增军，林青兰，姜家彪. 2007. 猕猴桃病虫原色图谱[M]. 杭州：浙江科学技术出版社.

郑永利，吴慧明，周小军. 2019. 绿色高效农药使用手册[M]. 北京：中国农业科学技术出版社.